이제 제대로 지읍시다

이제 제대로 지읍시다

-도시와 주택, 건축과 건설, 안전에 관한 비평과 대안

1판 1쇄 발행 2024년 11월 25일

지은이 | 함인선
발행인 | 홍동원
발행처 | (주)글씨미디어

주소 | 서울시 마포구 월드컵로8길 61
전화 | 02)3675-2822 팩스 | 02)3675-2832
등록 | 2003-000441(2003년 5월 13일)

ⓒ 함인선, 2024

ISBN 978-89-98272-25-8 03540

이제
제대로
지읍시다

도시와 주택,
건축과 건설, 안전에 관한
비평과 대안

함인선 지음

한국사회의 망각에 맞서 이 책을 쓴다

지난 7년여 주요 일간지 칼럼용으로 쓴 29편을 몸 글로 하여 엮은 책이다. 신문 칼럼이란 하루 지나면 헌 문장이 되는 법, 이를 그저 엮는다면 회고에 지나지 않을 터이다. 그러나 같은 사안을 오늘 다시 짚어 어떠한 경향이 읽힌다면 꺼내어 새로 살필 의미가 없지 않다고 보았다. 과연 그러했다.

글의 대상으로 삼은 이 분야는 집단 기억상실증에 걸린 강고한 제국이었다. 탈태와 쇄신에 도무지 인색했다. 이에 한국 사회의 망각에 맞서 이 책을 쓰기로 했다. 일이 날 때마다 쏟아지는 무수한 비판과 제언이 그저 의례가 되고 마는 우리 사회의 무감각에 그래도 또 한 번 부딪혀보고자 함이다.

매 칼럼에 계기가 된 사건 보도를 앞세우고 그때의 칼럼을 소환한 다음 그 이슈가 현재 어떤 상태인지를 다룬 글을 뒤에 붙였다. 하나의 장을 마무리할 때마다 칼럼에서는 어려웠던 길이와 넓이로 분석과 대안을 새로 써 달았다.

칼럼은 전문적 지식을 바탕으로 해당 사안의 핵심을 찾아내 이를 독자에게 잘 전달하는 것이 소임이다. 그렇지만 한정된 글의 분량 때문에 배경 지식 등이 생략되기 일쑤다. 이를 염두에 두고 각주와 사진, 그림들을 추가해 보완하고자 했다.

　전체는 다섯 꼭지로 나뉜다. 각각 도시, 주택, 건축, 안전, 건설에 관한 내용이다. 너무 박람하다 할 수 있겠으나 시대를 사는 건축 전문가라면 마땅히 두루 살피고 공부해야 할 범위다. 다만 펼치다 보니 깊이가 따르지 못하는 면이 있다. 이 점은 양해를 구하는 바다.
　'그때'의 글을 정리하고 그동안 일어난 일을 취재하여 '지금'을 쓰려니 우리나라 이 분야의 특징이 다음 세 가지 정도로 정리됨을 알게 되었다.

　첫째, 거듭되는 실패와 사고에도 좀처럼 우리 사회는 바뀌지 않고 있다는 사실이다.
　2018년 상도동 유치원 흙막이 사고 때 이낙연 총리는 '묵과할 수 없는 일'이라며 '재발 방지'를 약속한다. 3년 후 '흙에 대한 무지'라는 똑같은 이유로 벌어진 광주 학동 사고 때는 김부겸 총리가 사과와 함께 역시 '재발 방지'를 약속한다. 최근 이태원 참사의 한덕수 총리까지, '재발 방지'가 총리들의 후렴구가 되고 있는 것은 '재발'하기 때문이다.
　공공건축에 대한 기관장, 단체장들의 행태 또한 바뀐 바 없다. 2018년 정부세종청사 설계 심사가 기관장의 의중을 관철하려는 공무원들로 인해 파행을 맞았는데 2023년 신임 청주시장은 국제공모에 실시 설계까지 마쳤음에도 시청사를 왜색 시비를 걸어 폐기한다. 국민의 공복인 이들이 공공건축의 주인을 공무원이라고 여기는 습관을 못 버려서다.

'성냥갑 아파트 퇴출' 같은 박원순 시장의 어쭙잖은 디자인 간섭을 이어받아 오세훈 시장은 '서울링(대관람차)'의 디자인 방향을 '매끄럽고 속이 없는 것'으로 제시하고 있다. 이러한 후진국형 반복의 원인을 알고 싶은 것이다. 이것이 그때와 지금을 같이 놓고 보아야 하는 이유, 철 지난 칼럼을 다시 꺼내는 이유다.

둘째, 그때나 지금이나 무엇이든 적정한 비용 지불 없이 거저 얻으려 한다는 점이다.

근간의 '명동 버스대란'은 표시판 몇 개로 광역교통 문제를 퉁치려다 망신당한 경우다. 이 문제의 근본적 해결은 도심 버스터미널이라고 본문에 썼다. 비용이 든다. 심지어 건축계의 노벨상인 프리츠커상까지 거저 얻으려 한다. 젊은 건축가들에게 달랑 3000만 원 주고 해외 연수 가라는 국토부 정책이다. 우리가 못 받는 이유를 썼다. 마찬가지로 비용이다.

아파트는 국가가 주택문제를 거저 해결하게 만든 일등 공신이다. '내 집 마련'이라는 대명제 앞에서 국가의 책무인 공공 임대주택에 대한 압박은 비껴간다. 가구별 저축으로 구입하기에 공적자금은 금융비용만 든다. 공공이 제공해야 할 도시 내 녹지, 주차장, 주거 지원 시설은 단지 안에서 알아서 갖추니 이 또한 거저다. 이렇게 생긴 아파트는 시세차익이 생기니 국민도 거저에 중독된다.

건설도 매한가지. 공공의 책임인 공공건축 감독 권한을 민간 회사에 외주한다. 건설사도 하청으로 위험을 외주화 한다. 10대 건설사

하청업체 사망자 비율은 95%고 건설업의 GDP 내 비율은 30년간 반으로 줄었는데 사망자 비율은 1.5배로 늘었다. 안전도 거저 얻고자 해서다.

셋째, 어느 한 분야의 모순일지라도 전 영역을 횡단하면서 연쇄반응을 일으킨다는 점이다.

예컨대 다세대 주택을 열쇠 말로 하여 살펴보자. 다세대 주택은 주거의 질 하락을 대가로 양적 공급을 꾀한 것이기에 주택문제다. 한편 단독주택지에 도시기반 시설 확충 없이 부피 늘림만 한 것이어서 도시문제이기도 하다.

주차대수가 늘어나니 필로티가 유일한 해결책인데 지진이 나면 목이 부러지니 안전문제다. 노란 물탱크를 이고 있는 해괴한 풍경이니 도시경관 문제가 되고 골목을 상실한 공동체이니 도시사회학의 문제이며 날림으로 대량생산하니 건축 품격의 문제가 된다.

이것을 짓는 사람은 이른바 '집 장사'다. 면허대여나 건축주 직영이니 익명이다. 안전에 관심 없다. 한국 전체 산재 사망 중 반이 건설업이고 그중 반이 공사비 20억 미만의 동네 건축이다. 즉 다세대 주택은 한국의 살상구역이기도 하니 이는 건설안전의 문제다.

국가가 이 좀비 산업을 놔두는 이유는 다세대 주택 같은 저렴주택이 주택가격을 지탱하는 저지선이어서다. 햇볕으로 꺼내는 순간 연쇄 폭등이 일어나니 주거정책의 문제기도 하다.

아파트, 공공건축, 부실시공의 문제 등의 사안도 마찬가지. 종횡으로 엮인 매트릭스를 들여다봐야 이해가 된다. 이 책이 감히 분야를 망라하여 펼쳐보고자 하는 이유다.

1장은 도시문제에 관한 내용이다. 최근의 현대자동차그룹 신사옥 105층 이슈를 필두로 명동 버스 대란, 청와대 이전, 광화문광장 재구조화 등 주요 사안에 대한 비평이다. 호들갑 떨던 '네옴시티' 구상이 예상했던 대로 대폭 축소되었다는 사실도 흥미롭다.

말미의 글 '품격 있는 도시는 시민 권력이 만든다.'에서는 선진도시들을 사례로 도시의 품격에 대해 살피고 우리 서울이 극복해야 할 강남·강북 문제의 대안과 시민주도형 도시 거버넌스에 대한 제안을 담았다.

2장은 주택 특히 아파트 문제에 대한 것이다. 문재인 정부 시절 여러 부동산대책 발표 때마다 썼던 비평이 주를 이룬다. 이것이 지금도 의미 있는 것은 그 패러다임이 전혀 바뀌지 않았고 이로써 앞으로 상황은 더 우울해지리라는 전망에서다.

우리 주거정책의 근간 개념은 '자가 소유'와 '단지형 아파트'다. 이것이 국민의 가계와 도시공간에 얼마나 폐해를 가져오는지에 주목한 글들이다. '단지형 아파트를 해체하라'라는 말미 글은 주장과 더불어 대안을 모색한다.

3장은 건축의 품격과 건축 정책에 관한 글들이다. 서울링, 공관 문제, 세종 청사 설계 심사 등 공공건축에 관한 내용과 더불어 건축을 표상으로 사용하는 권력의 오랜 습관을 비평한 글들이다. 일본은 프리츠커 수상자가 9명이나 있음에도 우리는 한 명도 없다는 사실은 한국의 건축 수준이 어떻다는 것을 웅변으로 말한다.

이는 건축과 건물을 구별하지 못하고, 또 건축을 건설의 하위 개념으로 여겨왔기 때문이다. 마무리 글에서 이를 포함 우리 시대 건축의 실상과 과제를 정리했다.

4장은 건조물에 의한 사고와 안전에 관한 내용이다. 한국 사회에서 같은 유형의 사고가 거듭되는 것은 '안전 불감증'이라는 비과학적 용어로 본질을 호도하기 때문이다. 여러 사고의 패턴과 그 처리 과정을 분석하여 사고는 '위험 감수를 통한 이익 극대화'라는 동기로 일어남을 밝히고자 했다.

또한 말미 글을 통해 위험 감수, 위험 중독, 안전 무지가 사고의 원인이므로 비용의 적절한 지불을 통한 동기의 무력화와 사회적 학습을 통한 지식 습득이 해결책임을 말했다.

5장은 한국 건설업의 안전과 부실에 관한 글이다. GDP 비중은 5%인데 사고 사망은 50%, 세계 순위는 5위인데 국내에서는 부실의 대명사인 한국 건설업. 왜 이런지를 여러 사건과 사고를 통해 분석했다. 국가 주도형 개발과정에서 습득한 체질이 그대로 남아서라는 결론이다.

국가에서 재벌로 또 계열 건설사로, 이어서 하청, 재하청, 노동자로 독촉과 함께 위험이 전가되고 있음이다. 말미 글을 통해 이 구조가 건설 카르텔과 강고한 제도를 통해 재생산되고 있음을 보이고 이를 극복할 대책을 찾아보았다.

수맥 때문에 일꾼들이 멈칫거리면 착암기를 뺏어 손수 작업했다는 정주영 회장, 필자 역시 존경하고 그런 분들 덕에 우리나라가 이만큼

되었다는 점에 깊이 고마움을 느낀다. 그런데 존경 및 감사와 배우고 따르는 것은 별개의 문제다. 이 책을 정리하면서 우리의 건축과 건설은 안타깝게도 정주영 DNA가 여전히 지배하고 있다는 것을 새삼 깨달았다. '위험 감수', '실용 정신', '경제 제일'.

그때는 그래야 했지만 지금은 아니다. 아버지는 선생께 맞으며 학교 다녔다고 해 봐야 오늘날 아들은 이해하지 못한다. 그 시대의 모험과 도전 정신을 받들되 역사로서 할 일이다. 이제 이 시대에서는 '늦더라도 제대로', '실용보다 문화', '경제보다 생명'을 더 가치 있게 여기는 문화로 거듭나야 한다.

어려운 일이다. 위대한 리더십은 그만한 다른 리더십에 의해서만 교체되는 법, 지금 이 땅에 대체 인물이 보이지 않으니 더욱 그렇다.

함인선

차례　서문

한국사회의 망각에 맞서 이 책을 쓴다.

I. 시민 권력이 품격 도시를 만든다

II. 성냥갑 아파트가 어때서

III. 한국에 프리츠커 수상자가 없는 이유

IV. 안전한 세상은 거저 오지 않는다

I

시민 권력이 품격 도시를 만든다

'현대차' 신사옥, 시민 자부심을 높일 대안이 필요하다

이 글은 중앙일보 시론 '현대차 신사옥, 시민 자부심 높일 대안 찾길'(2024.5.23)로 게재되었음.

현대차 신사옥 GBC의 층수 변경안, 서울시 반려

서울시가 강남구 삼성동 글로벌 비즈니스 콤플렉스(GBC)를 105층 랜드마크 1개 동에서 55층 2개 동으로 낮춰 짓겠다는 현대차그룹의 계획변경을 공식 반려하기로 했다.… 서울시가 현대차의 계획변경을 반려한 이유는 랜드마크 건축 계획을 취소하면서도 이와 연동된 기부채납 등을 바꿀 게 없다고 전달받았기 때문이다. 2019년 확정한 현대차 GBC 부지 개발 계획은 3종 주거지를 일반상업지로 세 단계 종상향해 용적률 상한선을 대폭 높여줬다. (2024.5.2, 한국경제신문)

같은 연면적을 얻고자 할 때 100층 건물은 50층짜리 2개 보다 매우 비경제적이다.

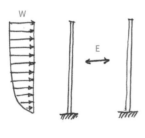

1. 바람과 지진에 대해 고층건물은 외팔보로 거동한다

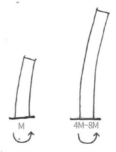

2. 높이가 2배가 되면 하단부의 힘은 4~8배가 된다

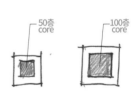

3. Core의 크기가 커져 초고층 건물은 사용 면적 비율도 준다

원래대로 105층 마천루인가 55층짜리 두 동으로의 변경인가. 서울 강남구 삼성동에 들어설 현대자동차그룹의 신사옥 GBC(글로벌 비즈니스 콤플렉스)의 설계 변경안을 놓고 서울시와 '현대차'가 힘겨루기에 나섰다. 인허가권자인 서울시는 랜드마크를 짓는 것에 대한 보상으로 용적률을 올려주고 기부채납분도 줄여준 만큼 변경이 어렵다는 입장이고 '현대차' 측은 최근 공사비의 상승 등으로 여건이 달라졌다는 주장이다.

변경안이 접수된 것은 올해 2월이지만 105층 포기에 대한 암시는 이미 2021년부터 있었다. 코로나로 인한 경영환경 악화, 잠실 롯데타워에 빼앗긴 상징성 등을 감안해 정의선 회장 체제가 실용성을 앞세워 취한 선택이다. 그러나 논란이 계속되어 사업이 지연된다면 2020년부터 터를 파고 있는 사업주는 물론 GTX-A 삼성역이 포함된 영동대로 지하 복합개발도 같이 늦어져 많은 부수적 피해가 따를 전망이다.

그럼에도 쉽게 해답을 찾기 어려워 보이는 것은 이 사업이 '협상에 의한 지구단위 계획' 방식[1]으로 추진되었기 때문이다. 일반적인 건축허가라면 100층이든 50층이든 판단은 사업주의 몫이다. 그러나 협상 과정에서 105층의 높이가 공공성에 대한 기여라고 판단해 그에 상응하는 인센티브를 부여한 서울시로서는 이 높이를 무를 수 없는 처지다. 그렇다고 사기업이 손해를 무릅쓰며 건물을 지을 리도 없으니 이래저래 난감하다.

1
단순히 건축물만 짓는 것이 아니라 대지의 용도구역 등 도시계획 내용까지 바꾸는 사업을 할 경우에는 원칙적으로 도시개발법에서 정한 방식을 따르나 저이용 대규모 유휴부지나 이전적지인 경우 민간 - 공공이 협력적 논의를 통해 개발을 진행할 수 있다. 도시개발법 방식과는 개발 이익에 대한 공공기여의 양과 종류를 협상에 의해 결정할 수 있다는 점이 다르다.

제도적인 문제와는 별개로 서울시와 '현대차'가 피차 쉽게 물러서지 않으리라 보는 또 다른 이유는 105층에 대한 가치 기준이 서로 현격히 다를 것이어서이다. 이를 이해하기 위해서는 초고층 타워의 경제성과 상징성 사이의 딜레마를 이해할 필요가 있다. 초고층 타워는 경제적 측면으로는 가장 어리석은 건물이지만 도시경관 측면에서는 가장 강력한 상징물이다.

높아질수록 건물의 구조를 결정하는 변수는 무게가 아니라 바람, 지진 같은 횡력이 된다. 외팔보(cantilever) 형식으로 횡력에 저항하는 타워는 하단부의 힘이 높이의 제곱에 비례해 커진다. 풍압 또한 높을수록 강해지므로 결국 세제곱 이상의 힘을 견디는 구조가 필요하다. 요컨대 50층보다 100층은 2배가 아닌 8배 이상의 구조비용이 든다는 얘기다. 더구나 엘리베이터 등이 차지하는 면적도 비례해서 늘어나면서 가용면적이 줄기 때문에 효용 측면에서 초고층은 난센스다. 결국 대지는 협소한데 비싼 땅값으로 연면적의 극대화가 필요한 맨해튼 같은 곳에서나 타당성을 가진다. '현대차' 부지는 아니다.

한편 초고층 건물은 상징자본의 역할로서는 으뜸이다. 땅값이 없다시피 한 중동의 모래밭과 한적한 중국 지방 도시에 솟는 타워들이 노리는 효과다.[2] 높이 경쟁은 바로 명성을 위한 전쟁임을 보여주는 사례도 있다. 1930년 뉴욕의 '40 월스트리트'가 최고층 자리를 차지한 직후 경쟁하던 '크라이슬러 빌딩'은 공사 막판 숨겨놓은 첨탑을 내밀어 타이틀을 뺏는다. 그러나 한 해도

2
2000년대 이후 세계 마천루 발주량의 절반 이상이 중국이었다. 미국이 240개인 200m 이상 초고층이, 중국에는 건설 예정인 것을 포함하면 1200개가 넘는다. 높은 공실률 등으로 당국은 2021년 초고층 건물을 금지하는 규제를 내놨다. 300만 명 이하 도시에서는 높이 250m 이상의 건축은 금지, 150m 이상은 엄격한 제한을 받는다.

못 넘겨 역시 첨탑을 높인 '엠파이어스테이트 빌딩'에 자리를 내준다. 고대의 오벨리스크로부터 중세 도시의 고딕 성당까지 중력과 바람을 거슬러 솟아오른 수직성은 권력의 상징이자 도시의 부와 위신의 기표였으니 서울시라 하여 다를 리 없다.

'현대차'는 실용성과 경제성만 고려함에 앞서 105층 타워에서 공공과 시민들이 어떤 가치를 기대했는지를 상기할 필요가 있다. 건설비용을 절감하는 대신 미래 성장동력이 될 도심항공 모빌리티(UAM) 착륙장 등을 건설하겠다지만 그것이 타워의 상징성을 대체할 만한지는 의문이다. 돈이 아니라 도시의 품격과 시민들의 자부심을 높일 공공기여를 찾아야 한다.

이는 서울시도 같이 안은 숙제다. 원안 고수라는 쉬운 길 대신, 이 시대 서울의 랜드마크가 꼭 높이여야 하는가를 고민할 필요가 있다. 이는 서울의 지향이 가장 높은 타워를 가졌으나 극장 도시라는 오명도 따르는 두바이인가, 낮게 깔렸으되 매력적인 수평적 랜드마크가 차고 넘치는 워싱턴 혹은 파리일 것인가라는 도시 철학의 문제이기도 하다.[3]

어떤 결과에 이르든 '현대차' 105층 타워를 둘러싼 갈등은 도시경관 결정에 대한 우리 사회의 성숙도를 가늠할 수 있는 의미 있는 계기가 될 것이다.

3
아랍에미리트 연합국 중 두 번째로 큰 두바이는 금융, 컨벤션, 관광을 국가 발전의 목표로 삼고 세계적인 볼거리를 만들어 유명해졌다. 세계 최고층 건물인 부르즈 칼리파(163층)를 비롯해 야자수 모양의 인공섬 등이 그것이다. 반면 워싱턴 D.C.나 파리는 건물 높이를 도시 전역에 걸쳐 제한한다. 그럼에도 불구하고 더 몰, 샹젤리제 거리 등 수평적인 랜드마크로 이 도시들은 가장 아름다운 도시가 된다.

'루브르 서울' 같은 품격 있는 공공기여는 없을까?

현대자동차그룹이 20일 서울 강남구 삼성동 옛 한전 부지에 짓는 '글로벌 비즈니스 콤플렉스(GBC)' 조감도를 공개했다. 기존 105층 빌딩에서 242m 높이의 55층 타워 2개동과 문화 편의시설 등으로 운영될 저층부 4개동으로 구성된 것이다. (2024.5.21, 동아일보)

'현대차'는 조감도를 공개하며 55층 두 동을 기정 사실화하고 있고 서울시는 불편한 기색이 역력하다. 설계자는 기존의 SOM에서 포스터(Foster + Partners)로 바뀐 것 같다. 조감도로만 보면 그저 그렇다. 높이가 줄었더라도 디자인이 획기적이라면 여지가 있을 텐데 이 정도로는 공감대를 얻기 힘들 것으로 보인다. 노만 포스터의 최고 기량이 발휘되지 못한 이유가 궁금하다.

노만 포스터는 1985년 홍콩상하이은행 본부 빌딩으로 세계적인 명

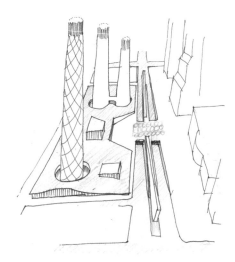

80층 정도의 마천루와 '루브르 서울' 정도의 미술관이 생기면 어떨까?

성을 얻었다. 하이테크 건축스타일로 지은 최초의 고층건물이다. 일층을 비워 시민에게 내준 공공성도 돋보이거니와 이를 위해 건물은 8개 층씩 매다는 방식으로 올리고 그 노출된 구조가 자체적으로 독특한 외관을 형성하여 고층건물 디자인 역사에 획을 그은 건축이다.

이외에도 노만 포스터는 오래된 외관을 보존하면서 고층건물을 심은 뉴욕의 허스트타워(Hearst Tower), 가지 모양의 외관으로 런던의 스카이라인을 눈에 띄게 바꾸어 놓은 게르킨 빌딩(The Gherkin) 등의 획기적 디자인을 선보인 바 있다. 그런데 이번에는 범작이다.

굳이 5층 두 동으로 가겠다면 건물 디자인은 바꾸는 것이 좋겠다. 그리고 105층 타워의 상징성에 해당하는 공공기여는 UAM 이착륙장 이런 것도 좋지만 좀 더 문화적인 시설이면 좋겠다.

UAE 아부다비는 문화와 관광을 미래 산업으로 만들기 위해 2004년 예술 섬 프로젝트(Saadiyat Island Cultural Districe Project)를 시작했다. 이 중 가장 눈에 띄는 것이 5개의 랜드마크로 모두 현대건축을 대표하는 세계적 건축가들에게 설계를 맡겼다. 자이드 국립박물관은 노먼 포스터, 해양 박물관은 안도 타다오, 공연예술센터는 자하 하디드, 루브르 아부다비는 장 누벨, 구겐하임 아부다비는 프랭크 게리의 작품이다. 이중 루브르 아부다비는 완성되었고 나머지도 공사 중이다. 이로써 아부다비는 올해 관광객을 2400만 명이나 끌어모았다. 우리나라의 두 배다.

'현대차' 사옥 부지, 넓기도 하거니와 위치도 좋다. 〈루브르 서울〉 혹은 〈구겐하임 서울〉 정도의 유치는 어떤가. 현대자동차의 품격도 같이 올라갈 것 같다.

명동 버스 대란, 도심 버스터미널을 세우라

서울역~명동 퇴근길 '버스 대란'···"두 정거장 가는 데 1시간"

상습 정체 구간인 서울 명동 인근의 퇴근길 교통 정체가 최근 들어 더 심각해지면서 시민들이 고통을 호소하고 있다.··· 정체 현상은 지난달 23일 서울시가 새로운 승차 위치 안내 팻말을 설치한 뒤 더 심해졌다고 한다.

오세훈 시장은 현장을 둘러본 후 "정말 죄송스럽다는 말씀드린다"며 "저희가 좀 더 신중하게 일을 해야 했는데, 추운 겨울에 신중치 못하게 새로운 시도를 해서 많은 분께 불편을 일으켜 죄송하다"고 말했다. (2024.1.4, 2024.1.7, 조선일보)

광화문광장 지하화, GTX-A의 시청역 설치 등 도심 버스터미널의 기회는 있었다.

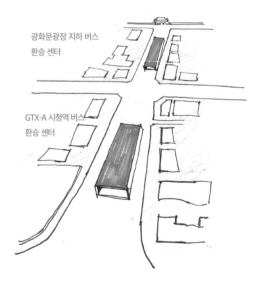

광화문광장 지하 버스 환승 센터

GTX-A 시청역 버스 환승 센터

명동 입구에서 퇴근길 버스 대란이 일어났다. 서울시가 노선별 버스 승차지점을 표시했더니 30여개 노선 광역버스가 꼬리를 물며 두 정류장에 1시간이 걸리는 사태가 벌어졌다. 전형적인 탁상행정이라는 비난마저 아깝다. 기본적인 산수 문제이기 때문이다. 정류장 진출입 버스의 속도가 승객의 승하차 속도에 비례함은 자명한 사실일 터, 그렇다면 정류장에 늘어선 버스에 승객들이 찾아가 타는 방식과 정해진 지점에서 기다렸다 타는 방식의 승객 소화 속도만 비교하면 됐을 일이었다.

시 당국은 이태원 참사 이후 광역버스 입석 금지로 버스 진입이 급격히 늘어나서 취한 조치라고 변명하고 있다. 그랬다면 서울역 환승 정류장처럼 버스 베이를 늘려서 해결하는 것이 원칙이다. 그런데 병렬이어야 할 버스 베이를 직렬로 만들 생각을 했으니 그 창의적인 무식함이 자못 놀라울 뿐이다.

초광역화에 따르는 광역 교통 해법은 세계 모든 메트로폴리스가 떠안은 난제다. 선진 도시들은 도심에 산재한 정류장 대신 버스터미널을 만들어 이에 대처한다. 도쿄 신주쿠의 미나미구치 교통 터미널, 런던의 빅토리아 코치 스테이션 등의 사례 가운데 돋보이는 곳은 뉴욕 맨해튼의 중심 42번가에 있는 PABT(Port Authority Bus Terminal)다. 1950년 도시 확장 시기 뉴욕·뉴저지 항만청[4]이 고속도로와 교량을 놓으며 같이 만든 터미널이다. 85개 게이트를 통해 하루 평균 8000여 대의 광역버스와 225,000명의 승객을 처리한다.

4
1921년 세워진 뉴욕 뉴저지 항만공사(Port Authority of New York and New Jersey)는 허드슨강을 끼고 뉴욕, 뉴저지 두 주에 걸친 항만과 주변 지역의 교통 인프라를 관리, 운영하는 공기업이다. 항만과 고속도로 등은 물론 라과디아, 스튜어트, 뉴어크 및 존 F 케네디 공항도 관리한다. 세계무역센터(WTC)도 이 기관의 소유다.

서울 도심도 광역버스 환승 터미널을 가질 기회가 있었다. 2016년 박원순 시장의 광화문광장의 재구조화 선언 이후 위원회가 출범하여 최초로 확정한 안이 필자 등이 제안한 전면 지하화 방안이었다. 지하에 통과 차량 동선은 물론 버스터미널을 갖춘 안이다. 그러나 이 계획은 문재인 정부가 광화문으로 청와대를 옮긴다는 통에 무산되었고 그 결과는 아직도 '진화 중'인 광장이다. 두 번째 기회는 2018년 GTX-A 노선의 서울 도심 정거장 선정 때였다.

출퇴근 수요가 가장 많은 곳인 광화문과 시청역을 빼고 서울역만을 제안한 사업자의 선정부터 문제였지만 이후 도심 정거장 추가 논의에서 국토부와 서울시가 원만히 합의하고 버스 환승센터까지 설치했다면 오늘의 대란은 피할 수 있었다.

뉴욕처럼 도시 확장기에 도심 터미널을 만들기는커녕 있던 터미널까지 모두 개발허가를 내준 서울시는 이제와 대책이랍시고 표시판을 세우고 출퇴근자의 편의보다는 서울역이 더 중요했던 국토부는 더 많은 버스를 내보낼 신도시들을 세우고 있다.[5]

그간의 많은 정책적 단견과 부처 이기주의가 초래할 시민 고통의 서곡이 이번 버스 대란이다. 근간 메가시티 논란에서 보듯 '서울/경기도', '서울 도심/주변'의 모순 관계는 더욱 심화할 것이다. 역설적이게도 이는 서울 도심의 매력도 증가와 관계가 있다. 서울 도심의 매력은 2002년 월드컵과 청계천 복원을 기점으로 광화문광장, 청와대 이전 등을 거치며 획기적으로 올라갔다. 2023년

5
1981년 강남에 고속버스 터미널이 생기기 전 강북에는 여덟 군데에 11개 버스회사의 터미널이 있었다. 공평동, 종로 2가, 서울역전, 후암동, 중구 저동과 양동, 을지로 3가와 6가 등이다. 이들은 도시 개발과 함께 모두 빌딩으로 바뀌었다. 도쿄 신주쿠 터미널같이 터미널도 내장한 복합 건물들로 지었더라면 어땠을까? 지금의 시민 고통은 당국과 도시계획가들의 단견으로 말미암은 업보다.

'TOP 100 여행지 인덱스' 보고서(유로모니터 조사)에 따르면, 이제 서울은 관광객 수 세계 13위, 매력적인 도시 순위 14위다.

한편 도시매력은 구도심의 재개발을 가속하는 동기도 된다. 더 많은 업무, 상업면적이 도심에 공급되고 높은 지대를 피해 떠나는 주거는 더욱 외곽으로 밀린다. 광역교통 수요가 폭발적으로 늘 것은 당연하다. 문제는 이를 받쳐줄 인프라가 지금까지도 이대로라면 앞으로도 없을 것 같다는 점이다.

도시 사회학자 카스텔은 주택, 공원, 교통 등의 집합적 소비(collective consumption)에 대한 수혜자 측의 지불 유예가 자본주의적 도시문제의 본질이라 갈파했다. 지금의 서울이 들으라 한 말이지 싶다. '서울링', 세운 재개발 등 서울의 매력 증대도 좋으나 그 매력의 볼모가 된 외곽과 광역을 위한 조치 또한 서두를 때다.

이제라도 시청 앞 광장 지하에 광역버스 터미널 구상은 어떨까? 뉴욕과 파리의 구시가지를 파괴, 개발하여 악당 소리를 들었지만, 모지스는 뉴욕 터미널(PABT), 오스만은 파리의 넓은 길(Boulevard)을 건설하기도 했다.

서울은 계란 노른자 경기도는 흰자

2024년 5월 2일 서울시는 국토교통부 대도시권광역교통위원회, 경기도, 인천시와 함께 명동, 강남 등 서울 주요 도심의 도로버스정류장 혼잡 완화를 위해 33개 수도권 광역버스 노선을 조정한다고 밝혔다. 2개 노선의 회차 경로 조정과 11개 노선의 가로변 정류장 신설·전환을 통해서라 한다. (2024.5.3, 매일경제)

김포 사는 강희경 씨의 출근길
(2023.8.22, 중앙일보)

당장의 해결책일 수는 있겠으나 글쎄다. 2010년 이후 서울 인구는 줄어드는 반면 경기도의 인구는 계속 늘고 있다. 서울의 집값이 밀어내는 것이다. 입주가 2025년부터인 3기 신도시만 해도 12만 가구다. 머지않아 다시 명동 정류장은 포화상태에 이를 것이다.

수도권 직장인은 출퇴근을 위해 매일 평균 20.4km 거리를 평균 83.2분을 들여 이동한다. 그나마 이것은 교통수단 이용 시간. '도어 투 도어'에는 3시간이 넘게 걸릴 것이다. 한 달에 20일을 출근한다고 하면 1년이면 30일이다.

정치인들도 이 주제를 얘기할 때면 드라마 〈나의 해방일지(2022년)〉

를 소환한다. 매일 4시간씩을 출퇴근에 쓰는 경기도 어디에 사는 3남매 얘기다. 지하철 안이 매회의 시작과 끝 장면이었지 싶다. 회식이라도 있을라치면 택시비 아끼려고 강남역에서 모이는 이들의 '저녁이 없는 삶'은 많은 경기도민에게 공감을 얻었다고들 한다.

둘째 상희의 여친 말대로 이런 현실은 "서울은 계란 노른자이고 경기도는 흰자"라서 생기는 일이다. 흰자가 노른자를 포위하고 있음을 가리키는 표현이 아니라 흰자는 노른자의 영양분이라는 뜻이겠다.

맞다. 오늘 서울의 번성은 경기도를 외부화시키고 서울의 압력을 경기도에 전가함으로써 얻어진 것이다. 유럽 주요 도시의 용적률보다 한참 아래인 160% 언저리에서 상대적으로 양호한 환경을 누리고 있는 것도 다 경기도가 그 주거 수요를 받아주었기 때문이다. 그리고 그 조건이 광역교통이고 그 결과가 3시간 출퇴근이다.

따라서 광역교통 문제는 경기도보다는 서울의 문제다. 그런데도 무뇌 공무원은 사고를 막는답시고 푯말을 세우고 시장은 "최근 경기도에서 출퇴근하시는 분들이 많아져서 서울로 들어오는 버스 노선을 원하시는 대로 받다 보니 용량이 초과 됐다"고 남 얘기하듯 한다. 오죽하면 메가시티 얘기가 나왔겠나. 곁불이라도 쬐면 교통이 조금이라도 나아질 것을 기대하는 것이리라.

오 시장은 이렇게 사과해야 옳았다. "서울의 날로 커지는 흡입력 때문에 출퇴근 수요가 많아져 용량이 초과 됐다, 멍청한 실무진의 판단을 그대로 수용한 제 잘못이다. 임시로 노선조정을 해서 버티겠지만 한계가 있다. 무슨 수를 써서라도 도심 광역버스 터미널을 만들어 해결하겠다." 큰 꿈을 꾸신다면 큰 책임을 지시라.

'네옴시티'는 '진정한 지속가능성'의 도시인가?

이 글은 중앙일보 시론 '네옴 시티, 마스다르 시티 실패서 배워야'(2022.11.30)로 게재 되었음.

사우디와 40조 원 초대형 협약 '제2 중동 붐' 오나

무함마드 빈살만 사우디아라비아 왕세자 방한에 맞춰 한국 주요 기업과 사우디 정부·기관·기업이 협력하는 최대 수십조 원 규모의 각종 초대형 프로젝트가 윤곽을 드러냈다. 스마트 도시 '네옴시티'를 건설하고 석유 시대를 넘어 탈탄소로의 에너지 전환을 추구하는 사우디와 기술력이 앞선 국내 기업들의 이해관계가 맞아떨어졌다. (2022.11.17, 경향신문)

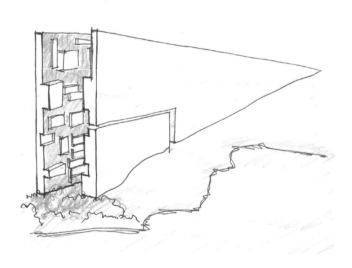

높이 500m, 길이 170km의 선형 도시 '더 라인'

사우디아라비아의 빈 살만 왕세자방한을 계기로 한국 산업계는 '제2의 중동 붐'의 희망으로 한껏 부풀어 있다. 사업비만 1조 달러(약 1338조 원)라는 '네옴 시티' 프로젝트 참여에 대한 기대감 때문이다. 이 신도시 조감도에서도 '더 라인'이라는 주거 지구는 압도적인 광경을 보인다. 높이 500m, 길이 170㎞, 인구 900만 명을 수용한다는 선형 도시 구상은 웬만한 SF영화는 울고 갈 정도다. 더욱이 세계 최고 부자가 추진한다는 사실과 맞물렸으니 가장 '비현실적인 현실'이다.

가히 전례 없는 규모이지만 새삼스럽지는 않다. 주체 못 할 오일머니와 석유 시대의 종말에 대한 묵시론적 공포가 어우러져 중동에서 벌어지는 메가 프로젝트 중 하나다. 두바이는 바다에 야자수 모양의 인공 섬을 만들고, 사막에 160층 마천루를 세웠다. 아부다비는 루브르와 구겐하임을 유치하고 프리츠커상 수상 건축가 5명을 불러 '예술섬'을 건설했다. 카타르는 찬 공기를 채운 경기장으로 월드컵을 개최했다.

초지속가능성을 지향하는 중동 신도시 프로젝트 또한 이번이 처음은 아니다. 2008년에 시작한 아부다비 '마스다르 시티'는 아직 미완성이다. 가로세로 2.5㎞ 정방형 신도시는 일체의 굴뚝 산업을 배제하고 탄소 이력 제로를 위해 심지어 건설용 철근조차 철거 폐자재를 수입해 사용했다. 그러나 15년 지난 지금은 거대한 유령도시다. 계획한 기업 1500개, 인구 5만 명 유치는 무산됐다. 거주민은 학비가 무료인 과학기술대학 학생이 전부다. 220억 달러를 쏟아붓고도 탄소 제로 정책은 포기했다.

6

탄소 제로를 표방한 마스다르 시티는 유치 희망 기업 또한 굴뚝 산업을 원천 배제했다. 우리나라에서 보낼만한 업종은 IT(정보 기술), CT(문화콘텐츠 기술), BT(생명공학 기술), 의료산업 등이었는데 이들 기업에 종사하는 고급 인력들은 우리나라에서도 평택 아래로는 내려가지 않는 사람들이다. 아무리 높은 연봉이라도 열사의 낯선 나라에 갈 이유가 없다.

필자는 2011년 마스다르 시티 KCTC 사업에 총괄 계획가로 참여한 경험이 있다. 당시 이명박 대통령이 아부다비 원전 수주와 함께 약속한 1만 8500㎡의 '한국 클린 기술 클러스터' 프로젝트다. 한국산업은행과 컨소시엄으로 1년여를 노력했으나 결국 입주 희망 기업을 찾지 못했다.[6] '네옴 시티' 프로젝트에 참여하려는 한국 기업들은 규모가 4000분의 1도 되지 않는 데도 실패한 마스다르 시티의 교훈을 새길 필요가 있다.

첫째, 도시의 성패는 물리적 요소보다는 구성원들의 문화에 달렸다는 교훈이다. 1980~90년대 미국 실리콘밸리의 성공을 보고 세계 각국은 'ㅇㅇ밸리'라는 이름의 첨단산업지구를 경쟁하듯 세웠으나 거의 모두 실패했다. 왜일까. 실리콘밸리의 시작 지점은 1970년대 반전운동이었다. 스탠퍼드 대학 등에 모여든 사람들은 저녁이면 강당에 모여 아이디어와 기술을 거저 나눴다. 이들이 나중 실리콘밸리에 모여 창업자가 되고 신속한 투자가 무엇보다 결정적인 첨단기술 산업의 엔젤 투자자가 된다.

요컨대 오랜 공동체 문화가 새 산업 생태계의 '신뢰 자본'이 된 것이다. 반면 내적인 문화를 간과한 채 실리콘밸리의 물리적 집적에만 주목한 대부분의 밸리는 사라졌다. 마스다르는 많은 혜택에도 기업과 인재 유치에 실패했다. 아직은 절대 종교 국가인 사우디가 이를 극

36

복할 문화 인프라를 제공할 수 있는지가 '네옴 시티'의 가장 큰 과제다.[7]

둘째, 교조적 지속가능성이 갖는 이중성에 관한 교훈이다. '네옴 시티'도 신재생 에너지, 식량의 자급자족, 탈자동차를 표방한다. 그러나 마스다르 시티는 선한 의도와 현실은 별개임을 보여줬다. 우크라이나 전쟁으로 에너지 딜레마에 빠진 독일이나, 숲을 없애고 태양광 패널을 설치하는 우리나라도 같은 맥락이다. 더 심각한 문제는 지구촌과 유리된 '그들만의 생태주의'다. 이는 인간은 지구의 바이러스이며 온난화는 행성 '가이아'의 열병이라 보는 근본 생태론(radical ecology)의 입장과 별 차이가 없다.

최근 영화 〈돈룩업, Don't Look Up〉에서 혜성 충돌로 파괴된 지구를 부자들만 탈출한다. 더워지는 지구를 살릴 노력 대신 머스크는 화성으로 이주하려 하고 빈 살만은 외진 사막에 건설 과정 탄소 발자국이 영국 1년 치의 4배나 된다는 유리 도시를 꿈꾸고 있다. 역량을 인정받아 세기적 프로젝트에 참여하는 것은 물론 기쁜 일이다. 동시에 지구 공동체의 책임 있는 일원으로서 '진정한 지속가능성(authentic sustainablity)'에 대한 성찰 또한 우리 몫이다.

7
실리콘밸리에는 일종의 장로 그룹이 있다. 이들은 아침에는 거리를 쓸고 저녁에는 맥주집에서 젊은이들과 어울린다. 그러다가 괜찮은 아이디어를 듣게 되면 바로 다음날 아침 개발 자금을 쏜다. 이렇게 누군가의 도움을 받아 성공한 스타트업 창업자들이 후배 스타트업을 조건 없이 도와주는 것을 실리밸리의 페이잇포워드(Pay it forward) 문화라고 한다. 이런 신뢰 기반·공생 문화는 거슬러 올라 1970년대 캘리포니아를 중심으로 왕성했던 히피 운동에서 시작되었을 것이다. 이 같은 문화적 배경은 무시한 채 산업과 인재만 모아 놓았던 세계의 많은 '아류 밸리'들은 성공하지 못했다. 사우디는 여성 운전이 허가된 것이 불과 6년 전일 정도로 닫힌 나라다. 과연 누구를 데려다 '네옴 시티'를 채울까?

지금은

스펙터클과 스케일

월스트리트저널은 7일 자로 "네옴시티 프로젝트가 비용과 시공 상 문제로 추진력을 잃었다"며 "전례 없는 실험에 국가 재정 대부분을 낭비할 뿐 실현이 어려울 수도 있다"고 보도했다. 블룸버그 통신과 가디언 등 주요 외신들도 '네옴시티' 사업 목표가 크게 축소됐다며 실현 가능성에 의문을 제기했다. (2024.5.9, 국민일보)

예상했던 대로다. '더 라인'의 공식 비용 추정치만 5000억 달러로 사우디 국부펀드 가치의 절반에 달하지만 전문가들은 실제로는 그 4배인 2조 달러가 필요할 것으로 본다. 세계인의 주목을 끄는 데는 성공했지만 결국 포기할 프로젝트라고 본다. 비현실적인 건설비용 조달 때문이기도 하지만 무엇보다 그 도시가, 원하는 사람들 가운데 굳이 사막 안 수족관에서 살고자 할 사람은 없을 것이기 때문이다. 사람이 도시에서 원하는 것은 문명이 아니라 문화일 것이므로.

글이 실리고 나서 SBS 〈그것이 알고 싶다〉 제작진으로부터 연락이 왔다. 연말특집으로 네옴시티를 다루고 싶다는 것이었다. 출연하여 앞 글에 썼던 여러 내용도 설명했으나 정작 많은 이들이 관심이 있는 것은 '더 라인'의 실현 가능성이었다. "경제적, 기술적 타당성 결여로 실현되지 않을 것"이라고 말했다. 그 까닭은 이렇다.

첫째 선형 도시의 비합리성이다. 고대부터 현대까지 도시가 원에 가까운 형태를 지니는 것은 원이 도시의 각 지점 간의 거리를 최소화할 수 있는 도형이기 때문이다. 도시는 교류를 위해 존재한다. '더 라인' 끝에 사는 사람이 중심에 오려면 85km, 같은 면적의 원형 도시에서는 3.3km다. 이를 위한 교통, 물류의 비용도 계산하지 않았다는 얘기다. 소비에트 초기 소련에 선형 도시가 그림으로 잠깐 있기는 했다.

둘째 구조적 합리성의 결여다. 건물 높이가 2배이면 응력은 6배가 된다. 건물 높이를 반으로 줄이고 폭을 2배로 늘리면 같은 면적임에도 구조 부재량은 6분의 1로 준다. 또한 모래폭풍은 500m 건물 벽에 부딪혀 아래로 흐르면서(빌딩풍) 세굴 현상을 일으켜서 밑동을 파먹을 것이다. 요컨대 500m 높이 또한 그저 시각적 효과를 위한 것이다.

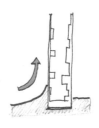
상승풍

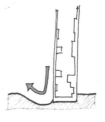
하강풍

이외에도 생태 환경 단절, 재난 문제, 내부 환경 문제, 건설 인력 체류 문제 등 수없이 많은 문제가 있다. 세계 최고 부자의 계획이라고 진지하게 여길 필요 없다. 과대 망상적 상상도이거나 좋게 보아 마케팅용 공상 만화라고 보면 된다. 참여 건축가들을 보면 쟁쟁한 이들이 많다. 그들도 진지하게 임한 것 같지는 않다. '스케일'에 대한 감이 없이 '스펙터클'을 원하는 클라이언트의 요구라면 필경 그것은 '실패하게 될' 프로젝트이거나 '실패하기로 한' 프로젝트일터이니 말이다.

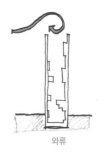
와류

빌딩풍은 높은 건물에 의해 만들어진다. 상승풍, 하강풍, 와류 등이 생긴다. '더 라인'은 하강풍에 의한 지반 침식, 상승풍과 와류로 상부층의 심한 바람 피해가 예상된다.

그림이 황당해서인지 투자 유치도 시원찮은 모양이다. 〈이코노미스트〉는 예리하게 지적한다. "글로벌 투자자들은 자기 돈을 사우디에 투자하는 것보다는 사우디 돈을 가져가는 걸 더 좋아하는 것 같다." 최근 보도로는 170㎞ 계획이 2.4㎞로 줄고 계획 인구도 150만에서 30만으로 준다고 한다. '태산명동 서일필(泰山鳴動 鼠一匹)' 생각보다 포기가 빠르다. 곧 프로젝트 전면 철회 소식도 들리리라 본다.

대통령의 공간은 국격의 공간이다

이 글은 중앙일보 시론 '대통령의 공간은 국격의 공간이다'(2022.3.30)로 게재되었음.

"공간이 의식을 지배한다" 강조한 尹…
"일단 청와대 들어가면 다시 나오는 것 힘들 것"

윤석열 대통령 당선인이 20일 기자들과 직접 만나 대통령 집무실을 용산 국방부 청사로 이전하는 것에 대한 강력한 의지를 피력했다.… "공간이 의식을 지배한다고 생각한다"며 "청와대는 조선 총독 때부터 100년 이상 사용해 온 제왕적 권력의 상징으로, 이 장소를 국민께 돌려드려야 한다는 생각에는 변함이 없다"고 밝혔다. (2022.3.20, 매일경제)

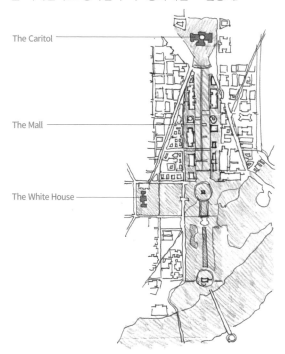

The Caritol

The Mall

The White House

미국 워싱턴 D.C. 중심부 공간구조, 국가 상징축인 더 몰(the Mall) 끝에 의사당(the Capitol)이 있고 백악관은 축의 측면부에 있다.

"공간이 의식을 지배한다." 때 아닌 건축 명제가 나라를 달구고 있다. 지리학에는 환경결정론과 지리결정론이 있지만, 건축학의 공간결정론은 생소한 개념이다. 아마도 "우리가 건축을 만든다. 그리고 그 건축이 다시 우리를 만든다."고 했던 윈스턴 처칠의 문장에 기댄 말인 듯싶다. "청와대에 발 디디는 순간 권위주의에 포획될 것"이라는 윤석열 대통령 당선인의 주장에 대해 "제도와 사람이 문제이지 공간이 무슨 상관이냐"는 반론이 맞붙고 있다.

두 입장 모두 반은 맞고 반은 틀리다. 처칠의 표현대로 공간과 의식은 변증법적이기 때문이다. 즉, 인간의 의식과 행동에 대한 공간의 힘은 전혀 무시할만한 것도, 그렇다고 인간의 의지를 초월해 존재하는 것도 아니다. 처칠의 방점은 오히려 앞부분이다. 건축은 우리의 의식을 지배할 만큼 중요하니 지을 때 제대로 해야 한다는 뜻이다.

따라서 청와대가 권위주의와 불통의 공간이니 아니니 다투며 정치적 속내를 드러내기보다는 새로운 대통령 공간이 지금보다 더 민주주의적인 공간일 수 있는가를 따지는 것이 옳은 방향이다. 탈권위를 약속한 역대 정권들이 '탈 청와대'를 말한 첫째 이유는 역설적이게도 그곳이 명당이어서다.

그 자리는 북악산에서 남산으로 이어지는 축을 조선 시대 정궁인 경복궁과 같이하며 오히려 그 뒤에 앉아 말 그대로 구중궁궐 품새를 갖추고 있다. 문재인 정부가 '광화문 시대'를 표방했던 논리도 광화문 광장에서 백악까지 '시민 보행축'을 열어주기 위해 옆으로 비켜 앉겠다는 것이었다.[8]

도시에서 권부(權府)의 터는 역학관계를 표상한다. 미국 워싱턴의 경우 주축인 더 몰(The Mall)의 끄트머리 언덕에 의사당이 있고 백악관은 축의 옆자리다. 왕의 권력이 의회로 이동했음을 공간적으로 표현한 것이다. 프랑스 파리의 주축인 샹젤리제 거리의 한끝에 있는 루브르 궁은 시민의 공간인 박물관으로 바뀌었고, 대통령궁은 축 옆의 엘리제궁으로 갔다. 시가지 한가운데 총리 관저를 둔 영국은 말할 것도 없다.

이런 사례를 보면 대통령실을 용산으로 옮기는 것은 우리 체제 표현에 부합해 보인다. 용산 국방부 터는 도시의 여러 상징축과 연관이 없는 장소이므로 대통령이 권력(power)이 아닌 직위(office)임을 표상하기에 모자람이 없다.

8
2017년 4월 더불어민주당 문재인 대선후보는 대통령 집무실 광화문 이전을 통해 '국민과 함께하는 광화문 대통령 시대'를 열겠다고 발표했다. 이후 이전 과정을 논의할 '광화문 대통령 시대 위원회'까지 구성했으나 결국은 없던 일이 됐다. 대통령 집무실 공간에는 3가지가 필요하다. 의전을 위한 잔디 광장, 헬기장, 그리고 벙커다. 정부종합청사와 지하 통로로 연결된 현 고궁박물관을 함께 사용하는 것을 고려했으나 관저 이전까지를 함께 고려할 때 현실적으로 어렵다는 판단을 내렸다.

반면 그 건물을 그대로 쓴다는 것은 다른 문제다. 공간을 논할 때는 장소만 아니라 건축적인 면을 같이 봐야 한다. 국방부 건물은 청와대 못지않은 권위적 건축물이다. 청와대가 만조백관을 굽어보는 자리에 있다면, 국방부 역시 언덕과 계단 위에 높다랗게 앉아있다. 시민들의 눈높이에 있는 미국 백악관, 영국 다우닝가 10번지와 비교하는 것은 무리다.

더구나 국방부 건물은 엄격한 대칭 구도와 신고전주의 건축 문법으로 권위를 드러내던 구시대의 전형적인 관공서 건물이다. 서초동 법원단지에 있는 건물들이 하나같이 이렇다. 청와대 본관은 경복궁 민속박물관, 천안 독립기념관처럼 전통 목조건축 양식을 콘크리트로

9
의사 복고주의는 당대와 건축 기술로 지었음에도 건축 스타일을 전통건축에서 차용하는 방식을 말한다. 대표적 사례가 박정희 정권 시절 철근콘크리트로 목조건축을 흉내 내어 지은 경복궁 내의 국립민속박물관 건물이다. 전두환 정권 시절의 구리 기와를 얹은 독립기념관, 노태우 시절의 청와대 본관도 마찬가지다. 그리스·로마의 고전주의 건축 양식을 절대적으로 숭배하던 히틀러는 모더니즘의 산실 바우하우스(BAUHAUS)를 없앴고 공산주의임에도 진보적 건축을 혐오한 스탈린은 러시아 구성주의 건축을 박해하고 고전주의 기법으로 관공서를 지었다.

흉내 낸 건물이었다.

이런 의사 복고주의는 대개 민족주의를 앞세운 독재 정권이 애호한 스타일이다.[9] 이것이 청와대를 떠났어야 할 또 하나의 명분이라면 국방부의 지금 모습과 배치는 전면적으로 바꿀 필요가 있다. 어차피 관저와 영빈관도 필요할 것이니 부지 전체의 그랜드 플랜과 통합 건축전략이 필요할 것이다.

공간은 종종 정치의 도구가 된다. 히틀러 총통이 당대회 때 끝없는 열병 행렬과 서치라이트 불기둥을 연출한 이유는 러시아의 푸틴 대통령이 독일과 프랑스 정상을 4m 길이의 테이블 끝에 앉힌 이유와 같다. 공간의 스케일로 군중 또는 상대방을 압도하려는 의도다. 공간은 프로토콜(규약)이다. 나라를 대표하는 국가원수의 공적 공간의 품격은 탈권위와 실용 정신만으로 얻어지지 않는다. 안보와 비용만이 관심사인 지금의 논의들이 안타깝다.

후진 대통령실 청사, 품격 있는 건축으로

윤석열 대통령 퇴진 주장 집회를 해왔던 촛불행동의 경찰의 금지 통고 취소를 구하는 소송에서 1·2심 모두 경찰의 금지 통고가 위법하다며 경찰의 처분을 취소하라고 결정했다. 2심 재판부는 "대통령 집무실은 집시법상 '대통령 관저'에 해당한다고 해석할 수 없다"라며 또 "국민의 의사에 귀를 기울이며 소통에 임하는 것은 대통령이 일과 중에 집무실에서 수행해야 할 주요 업무"라며 "대통령 집무실을 반드시 대통령의 주거공간과 동등한 수준의 집회 금지장소로 지정할 필요가 있다고 보기 어렵다"고 했다.(2024.4.12, 조선일보)

탈권위를 위해서 청와대에서 용산으로 왔다는 대통령의 선언이 머쓱해지는 법원의 결정이다. 취임 2년 동안 기자회견은 단 두 번, 임기 초 신선했던 도어스태핑도 멈춘 지 오래. 소통 부족이 총선 패배의 원인이라고 스스로도 인정하고 있으니 "공간이 의식을 지배한다."라는 명제가 틀렸다고 보아야 하는가. 아니면 옮긴 용산 집무실 또한 여전히 권위주의적 품새를 가져서인가.

용산 집무실 건물은 권위주의적이기 이전에 후지다. 1980년대부터 관공서 건물에 주로 적용되었던 소위 포스트모더니즘 계열의 건축물이다. 좌우 대칭에, 고전주의적 석조 건축의 비례와 치장을 어설프게 버무려 권위를 나타내려 했던 스타일이다. 경향 각지의 공공청사에 특히 법원, 검찰 청사 등에서 많이 보인다.

한 나라의 대통령 집무실이라면 그 나라의 가치와 품격을 표상해야 한다. 행정부의 수반이기를 넘어 국가원수이기 때문이다. 예컨대

의원내각제인 독일의 수상 집무실은 의회 건너편의 평범한 근대적 오피스 건물이지만 대통령 집무실은 18세기 프로이센 시기에 지어진 벨뷔 궁전을 쓴다. 엘리제궁을 쓰는 프랑스도 마찬가지.

 궁전처럼 꾸미라는 뜻이 아니다. 적어도 촌스럽고 몰취미한 지금의 외관은 바꾸어 보자는 얘기다. 기존의 뼈대를 유지한 채 이 시대 대한민국의 가치와 위상을 상징할 만한 모습으로 리모델링하는 것이다.
 윤 대통령은 영부인을 보좌하기 위한 제2부속실 설치가 늦는 것이 마땅한 공간을 확보하기 어려워서라고 기자회견에서 설명했다. 최근 보도에 따르면 늘어난 실장과 수석실 때문에 기존 사무실에 가벽을 설치해 쓰고 있는 형편이고 청와대의 영빈관, 상춘재를 이용한 횟수도 91일에 이른다 하니 증축 또한 매우 시급해 보인다. 이참에 탈권위적이면서도 세계적인 품위를 가지는 건축 디자인을 모토로 하여 국제 설계공모를 개최하면 어떨까.

코로나로 인한 '한국형 뉴딜', 디지털이 능사는 아니다

이 글은 중앙일보 시론 '한국형 코로나 뉴딜, 디지털만 능사는 아니다'(2020.6.10)로 게재되었음.

文 대통령, 한국판 뉴딜에 2025년까지 160조 투자

문재인 대통령은 '한국판 뉴딜 국민보고대회'에서 "한국판 뉴딜은 새로운 대한민국의 미래를 여는 약속으로, 선도국가로 도약하는 '대한민국 대전환' 선언이다"라고 전했다.… 한국판 뉴딜에 2025년까지 총 160조 원을 투자해 일자리 190만개를 만든다는 구상이다.… 한국판 뉴딜은 크게 디지털 뉴딜과 그린 뉴딜 양대축으로 나뉜다. 그 안에 간판사업이 될 10대 대표사업을 선정했다. (2020.7.14, 조선일보)

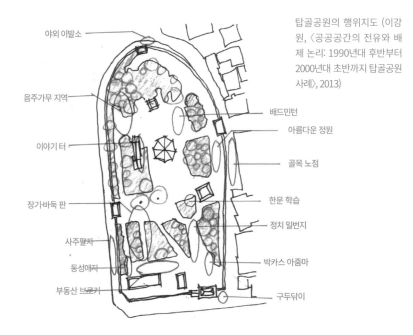

탑골공원의 행위지도 (이강원, 〈공공공간의 전유와 배제 논리: 1990년대 후반부터 2000년대 초반까지 탑골공원 사례〉, 2013)

야외 이발소

음주가무 지역

이야기터

장기바둑 판

사주팔자

동성애자

부동산 브로커

배드민턴

아름다운 정원

골목 노점

한문 학습

정치 일번지

박카스 아줌마

구두닦이

미국에서는 아파트가 우리처럼 인기 주거가 아니다. 단독주택 동네에도 공원, 커뮤니티 시설, 오픈 스페이스가 충분하기 때문이다. 대부분 린든 존슨 대통령 시절 '위대한 사회(The Great Society)' 계획의 성과다. 1965년 세운 주택도시개발청(HUD)이 연방 자금을 투입해 도시빈민 주택지를 개량하며 만들었다. 반면 우리는 아파트 단지나 가야 녹지와 공동시설이 그나마 있다. 이에 우리 도시도 바꿔보자는 것이 이 정부가 출범하며 내건 '도시재생 뉴딜'이다.[10]

그런데 두 번째 뉴딜이 등장했다. 디지털 및 비대면화에 중심을 둔 이른바 '한국형 뉴딜'이다. 그래서인지 여당 대표는 '코로나 뉴딜'이라 표현하고 경제부총리는 기존의 토목사업 위주의 경기 부양성 뉴딜과는 다를 것이라 한다. 그렇다면 궁금하다. 토건 위주인 도시재생 뉴딜은 접는다는 뜻인가? 말대로라면 두 가지 문제가 있다.

10
2017년 4월 문재인 후보는 '도시재생 뉴딜사업' 공약을 내놓는다. 매년 10조 원을 투자해 뉴타운·재개발 사업이 중단된 저층 노후 주거지를 살만한 주거지로 바꾸고 개발 시대의 전면 철거 방식이 아니라 동네마다 아파트 단지 수준의 마을주차장과 어린이집, 무인 택배센터 등을 설치 지원하겠노라고 약속한다.

첫째, 자꾸 접두사를 붙임으로 뉴딜이 산업정책으로 읽히는 문제다. 앞선 이명박, 박근혜 정부의 '녹색 뉴딜', '스마트 뉴딜'이 그랬다. 뉴딜은 프랭클린 루스벨트의 정책인 동시에 시어도어 루스벨트의 '공정거래(Square Deal)'에서 시작해 트루먼의 '페어딜(Fair Deal)'을 거쳐 존슨에 이르는 국가 주도 사회복지 혁신 플랜의 총칭이다. 노동, 의료, 교육개혁을 망라했으며 경제 활성화와 일자리 창출은 그 효과 중 하나다. 아이템만 디지털로 바뀐 경제 대책이라면 민망하다.

둘째, 코로나 뉴딜이라 했지만 '비대면=디지털'에 그치고 있다는 문제다. 로버트 라이시 교수는 코로나로 인한 공간적 격리로 인해 계급 분화와 격차가 더 심화하고 있다고 본다. 디지털 기반 확대로 '원격 근무가 가능한 노동자(The Remotes)' 계급만 덕 볼 수 있음도 고려해야 한다. 요컨대 뉴딜이라면 기술, 산업적 문제뿐 아니라 사회와 공간의 문제도 아울러 생각해야 한다는 얘기다.

그러므로 이번 뉴딜은 앞선 도시재생 뉴딜을 확장, 계승하는 것이 옳다. 도시재생 뉴딜에는 경제성장기를 거치며 생긴 공간적 불평등을 해소하겠다는 사회적 어젠다가 있었다. 이에 더해 언택트 시대의 공간 격리로 인한 불평등을 해결할 방법까지 담아야 포스트 코로나 시대를 선도하는 뉴딜이 될 것이다.

코로나로 인해 '배제의 공간' 가능성은 더 커졌다. 르네상스 시대의 '광인들의 배(Das Narrenschiff)'로부터 근대 종합병원의 시작인 '구빈원(L'Hôpital général)'에 이르기까지 역병에 의한 격리공간의 역사는 길다. 라이시 표현대로라면 제4계급 '잊힌 노동자(The Forgotten)'[11]들의 공간이다. 격리뿐 아니라 공간을 뺏는 것도 배제다. 탑골공원이 폐쇄되면서 많은 노인들이 끼니와 만남의 공간을 잃었다. 이런 것까지 보듬어야 코로나 뉴딜이다.

11
로버트 라이시 캘리포니아 대학 교수는 코로나로 인해 미국에는 새로운 제4계급이 등장했다고 파악한다. 첫 번째 계급은 원격 근무가 가능한 전문·관리·기술 노동자(The Remotes)로 위기 극복이 가능하다. 두 번째는 필수적인 일을 해내는 노동자(The Essentials)로 의사·간호사, 음식 배달(공급)자, 창고·운수 노동자, 경찰관·소방관·군인 등으로 일자리는 잃지 않지만 감염 위험 부담에 노출된 노동자들이다. 세 번째는 임금을 받지 못한 노동자(The Unpaid)로 소매점·식당 등에서 일하거나 제조업체 직원들로 직장을 잃은 사람들이다. 마지막 4계급이 잊혀진 노동자(The Forgotten)로 감옥이나 노숙인 시설 등에 있는 사람들이다.

다음으로는 급격히 변할 도시 내 공간 수요에 대응하는 뉴딜이어야 한다. 비대면 시대, 오피스나 집회 공간 수요는 줄어들 것이나 주거 및 생활공간 쪽은 증대할 것이다. 도시재생의 일환인 생활형 SOC(국민생활 편익 증진시설) 확충을 통해 기성 주거지의 질을 높임은 물론 오피스를 도심형 주거로 전환할 가능성을 찾아야 한다.

녹지와 공원, 의료시설에 대한 수요는 증가할 것이다. 불평등은 이미 심각하다. 서울 자치구별 1인당 공원면적은 종로구가 16.2㎡인데 반해 금천구는 0.89㎡에 불과하다. 병원 수는 강남구가 2619개인데 도봉구는 364개다. 역설적이지만 해결안도 코로나가 제공할 수 있다. 이동이 줄면서 차량을 위한 공간도 줄어서 남는 차로와 주차장은 녹지나 공공시설 터로 활용이 가능하다. 이미 프랑스 파리에서는 '레앵방테(Réinventer, 재발명) 계획'이라는 이름으로 시작한 일이다.

디지털, 경제, 다 좋으나 사람 냄새나는 뉴딜이면 좋겠다. "나는 어린이를 교육하고 배고픈 이에게 밥을, 집 없는 이에게 집을 준 대통령으로 기억되기를 원한다." 린든 존슨의 말이다.

지금은

버림받은 도시재생 뉴딜

국토부는 문재인 정부의 국정과제였던 도시재생 뉴딜사업이 사실상 실패작이라 평가하고 조직과 사업 방향을 대대적으로 개편하기로 했다. 이를 위해 국토교통부는 도시재생 관련 예산과 업무를 축소하고 윤석열 정부의 국정과제인 '1기 신도시 정비사업'을 새롭게 추가해 본격적으로 추진할 방침이다. (2022.7.4, 이데일리)

한국판 뉴딜의 성과에 대한 평가는 극과 극이다. 문 대통령이 퇴임사에서 말했듯 "코로나 위기 속에서 선언한 한국판 뉴딜은 한국을 디지털과 혁신 등 첨단 과학기술 분야의 강국으로 각인시켰고, 그린 뉴딜과 탄소 중립 선언은 기후위기 대응과 국제협력에서 한국을 선도국가로 만들었다"는 평가도 있으나 "세금으로 돈 잔치만 벌려 국채는 증가하고 민간이 주도해야 하는 경제의 체질을 오히려 약화시켰다"(윤희숙)는 비판도 있다.

더 관심이 있는 것은 디지털·그린 뉴딜에 자리를 잃은 도시재생 뉴딜의 결과다. 우울하다. 2018~2022년까지 문재인 정부 기간 뉴딜사업에 투입한 총예산 규모는 당초 목표치 50조 원 중 12조 9000억 원(25.8%)에 그치며 이 중 정부와 지자체가 쓴 예산이 9조 1000억 원으로 전체의 70.5%에 달한다. 사실상 정부와 지자체 등 공공부문에서 사업을 주도한 셈이다.

"벽화 그리다 말았다"는 감성적 비판은 차치하고 수치로 분석해도 그렇다. 뉴딜이라는 용어를 쓴 이유가 정부가 먼저 재정 투입을 하면 민간이 따라올 것이라는 게 전제였는데 그렇다면 실패라고밖에는 볼 수 없다. 실제로 '언발에 오줌 누기'였기 때문이었을까 저층, 노후 주거지가 살만해졌다는 느낌은 전혀 없다.

아니나 다를까. 새 정부 들어 국토부는 문재인표 도시재생을 지우기 위해 직제 개편 등을 했다. 오세훈 시장은 박원순표 도시재생을 뒤엎고 창신동과 세운상가를 철거 재개발로 추진하고 있고 윤 대통령은 '뉴빌리지'라는 이름 아래 재건축, 재개발 위주의 도시재생으로 판을 바꾸고 1기 신도시 재건축 등 개발에 방점을 두는 정책을 편다. 이름만 새 이름일 따름, 이명박표 '뉴타운'으로의 도돌이표다.

돌이켜 보면 문재인 정부가 도시재생에서 디지털로 뉴딜의 대상을 바꾼 것이 이해되지 않는 것은 아니다. 야심 차게 시작은 했으나 부동산 광풍으로 모든 것을 개발의 시그널로 보는 상황에서 도시재생 정책을 밀어붙일 동력을 상실했고 오를 대로 오른 땅값 등의 요인으로 재생에 필요한 자원을 얻기가 힘들었을 것이다.

그래서 타협하여 디지털 뉴딜로 선회한 것일 터인데 이 절호의 기회를 놓쳐 우리 도시가 다시 개발 패러다임의 틀로 복귀하게 된 것은 두고두고 후회스러운 일로 남을 것이다.

결국 당초부터 명색이 진보 정권이었음에도 뉴딜을 포괄적 복지로서가 아니라 경제, 산업 정책으로 접근했던 오류가 만든 자업자득이 아니겠는가.

광화문광장을 재구조화해야 할 이유 3가지

이 글은 경향신문 기고 '광화문광장 재구조화 필요 이유 3가지'(2018.5.15)로 게재되었음.

3.7배 커지는 광화문광장…'보행자 중심 공간'으로

10차로인 세종로 한가운데 놓여 '세계에서 가장 큰 중앙분리대'라는 오명을 얻었던 광화문광장이 12년 만에 지금보다 3.7배 커지면서 대규모 보행자 중심 공간으로 변모한다.…서울시와 문화재청은 10일 '새로운 광화문광장 조성 기본계획안'을 공동발표하면서 "단절된 공간을 통합하고 한양도성·광화문의 역사성을 회복해 보행 중심 공간으로 새롭게 만드는 게 핵심 방향"이라고 말했다. (2018.4.10, 서울신문)

2018년 사직로 우회안에 의한 계획

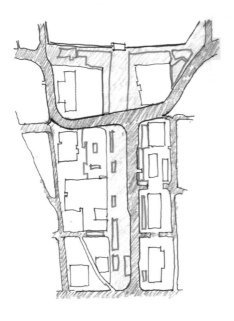

지난 4월 10일 서울시는 광화문광장 재구조화 계획을 발표했다. 차선을 한쪽으로 몰고 광화문 전면에 역사광장을 조성하는 방안이다. 2016년 출범한 민관 논의기구인 광화문포럼에서는 차도의 지하화를 통해서 전면 보행광장을 제안한 바 있다. 이번 계획은 비용과 공사 기간 등 여러 이유에 의해 보차혼용으로 절충된 것이다.

지금 광화문광장 재구조화가 필요한가에 대해서는 여러 의견이 있을 수 있다. 그러나 광화문광장의 촛불혁명을 통해 민주국가의 새로운 지평이 열리게 된 이 시점이야말로 절반만 완성된 우리의 국가 중심공간을 수복할 최적의 때라 생각한다.

모든 수도에는 국가의 정당성과 공동체가 지향하는 가치를 표상하는 중심공간이 배치된다. 공화정이 시작인 로마에서는 포럼이라 불린 광장이었고 당나라 수도 장안에서는 도시 성문과 왕궁을 잇는 주작대로였다. 조선 시대 이 터는 남북으로는 광화문과 황토현, 동서로는 육조 관가로 둘러싸인[12] 공간이었다. 닮은꼴인 워싱턴의 '더 몰(The Mall)'은 국회의사당을 정점으로 하여 관가와 공공 문화시설들이 둘러싸고 있다. 촛불혁명으로 국민이 나라의 주인임을 다시금 알렸던 이곳이 온전히 회복된다면 우리는 세계사에 전례 없는 유교적 왕조 공간과 시민민주주의 공간이 공존하는 광장을 얻게 될 것이다.

광장은 권력의 표상인 동시에 그 자체가 권력이다. 군

12
조선 시대 관청가인 육조 거리였던 이곳은 남쪽이 황토현이라는 언덕으로 막혀있어 대로이자 광장이었다. 1912년 조선총독부가 광화문에서 숭례문을 잇는 태평로 길을 내면서 이 황토마루는 깎여나갔다. 경복궁과 남대문을 직접 잇는 길을 내지 않았던 조선의 남북 간 상징 축선을 무시하고 대로를 만드느라 경운궁(덕수궁) 동쪽 전각들이 잘려나갔고 남대문도 성곽이 헐려서 외딴섬처럼 되었다. 광장의 회복은 이러한 장소성의 회복으로도 의미가 있다.

중이 만드는 스펙터클은 어떤 무기보다 강하다. 1987년 넥타이 부대는 군사독재를 종식시켰고 1989년 체코 바츨라프 광장의 프라하 시민들은 '철의 장막'을 거두었다. 그래서 독재 권력은 종종 광장을 정치적 도구로 쓴다. 1938년 뉘른베르크 나치당 대회 사진은 지금 보아도 섬뜩하다. 빛의 기둥으로 연출된 공간의 초월적 스케일과 70만 군중, 개인이란 전체에 비해 얼마나 사소한 존재인가를 느끼게 하여 맹목적 충성심을 끌어내는 장치였다.

우리도 동원된 지지 군중과 국군의날 열병식 풍경으로 여의도 광장을 기억한다. 이런 '관조적 스펙터클'에서 군중은 수동적이며 비자발적이다. 한편 우리는 2002년 누구의 지시도 없이 하나의 색으로 광장을 물들인 장관을 선보인 바 있다. 자발성과 능동성의 진수라 할 '참여적 스펙터클'이다. 군중의 시선은 다초점이며 카오스모스(chaosmos)적이다. 광화문 촛불집회는 이를 계승한 것이다. 소란했음에도 깨끗했고 즐거웠으나 장엄했다. 광화문광장은 이러한 장소성을 오롯이 담는 공간으로 다시 탄생해야 한다는 것이 첫 번째 이유이다.

2002년 월드컵 시청앞 광장에서의 거리 응원

광장은 시대의 산물이며 진화한다. 차로로 둘러싸인 섬일지언정 광화문광장은 오세훈 시장의 업적이다. 또 청계천과 서울광장을 통해 차로를 줄여도 도심은 작동한다는 것을 보여준 이명박 시장의 공도 있다. 더 거슬러 올라가면 2002년 월드컵 거리응원과 1996년 김영삼 대통령의 중앙청 철거가 시작이라고 볼 수도 있다. 일제강점기 총독부 앞길로 바뀌며 국가 중심공간을 잃은 이후 지난한 수복의 과정을 거쳤다는 뜻이다. 그렇기에 광화문광장은 미래에 대해서도 열려 있어야 한다.

도시는 유기체와 같다. 세포가 바뀌어도 모습과 정체성은 유지되듯 건축이 변할지언정 도시의 틀은 장구하다. 길과 광장이 '항상성'을 보장하기 때문이다. 따라서 광장은 '무계획의 계획'이어야 한다. 지금처럼 동상, 꽃밭, 분수, 전시장 등의 디자인 요소로 시민을 구경꾼으로 만드는 대신 적극적 비움을 통해 다양성과 주체적 이용을 끌어내야 한다.[13] 광장이 재구조화되어야 할 두 번째 이유이다.

세 번째, 광화문광장은 지금의 박제된 공간에서 탈피해야 한다. 차로에 의해 잘리고 청진, 무교, 도렴동의 도심 재개발로 옛 골목길들이 사라져 지금은 도시적 맥락을 잃은 외톨이 공간이다. 광장 외연의 확장을 통해 시민의 일상적 삶과 광장의 비일상적 경관이 어우러져야 한다. 또한 주변부 건물의 저층부를 활용하여 시민 편

13
2007년도 광화문광장 조성 현상공모에서 당선작 선정 이유에 대한 서울시의 발표다. "당선작은 전통과 첨단을 조화… 육조 거리 등을 재현해 역사성… 디지털 등 첨단 기술을 조합, LED, 레이저, 투광기, 볼라드 조명… 분수, 수로, 벽천, 연못…선큰광장, 지하광장 등 아이디어가 많았다." 온갖 아이디어로 당선된 계획안은 이어진 비난 속에 많은 아이템이 철회된다. 그럼에도 기존 광장은 여전히 수다스러웠다. 새 광화문광장의 국제 현상공모 운영을 맡은 필자는 '비움'을 공모 지침에서 특별히 강조했다.

의 공간을 확보해야 하며 인접 블록들의 재정비를 통해 보행 네트워크를 회복시켜야 한다.

제시된 안은 차로를 6차선으로 줄여 한쪽으로 몰고 사직로를 우회시켰다.[14] "고작 월대와 해태상을 복원하기 위해 차량 흐름의 불편을 감수해야 하나?"라는 의문을 가질 법도 하다. 그러나 이는 서울 역사 도심을 자동차로부터 해방시키는 기획의 출발점이라고 달리 읽을 수도 있다. 언젠가는 줄인 차로조차 필요 없게 되는 날이 올 것이다. 당장은 친환경 차량 우선 통행제를 실시하되 서울시는 단기 교통대책이 아닌 장기적인 비전과 로드맵을 제시해서 시민을 이해시켜야 한다.

광화문광장을 얻어낸 주인공은 경제 발전과 민주화를 가장 빠른 기간에 이룬 우리 시민이다. 시민의 자부심과 우리의 국격에 상응하는 세계 최고의 광장으로 거듭나기를 소망한다.

14
이 우회로는 정부 서울청사를 돌아 광장 중앙을 건너는 것이었으나 청사 모서리가 잘리는 것에 대해 행안부가 끝까지 반대함에 따라 포기하고 광화문 월대를 차후에 복원하는 것으로 결정했다. 이후 설계가 마무리 되었을 무렵 취임한 오세훈 시장은 다시 월대를 복원하기로 하여 최종 안은 U자형 사직로를 가지는 현재의 모습으로 완성된다.

광화문광장 조성, 세 번의 변곡점

'2023년 서울 서베이'에서 서울시민들은 서울의 랜드마크가 무엇인지 묻는 질문에 48.3%가 한강을 가장 많이 꼽았다. 이어 광화문 광장(36.1%), 고궁(32.3%), N서울타워(17.2%)가 뒤를 이었다. 서울에 거주하는 외국인 2500명을 대상으로 한 조사 결과에서는 1위가 광화문광장(45.9%)이었다. (2024.5.10, 매일경제)

필자는 2016년 광화문광장 재구조화를 논의하는 '광화문포럼' 창립 시부터 참여했다. 덕분에 조성과정 전반을 볼 수 있었다. 2018년 '광화문 시민위원회'로 바뀌고서는 도시공간 분과 위원장을 맡아 국제 설계현상공모를 위한 공모 지침 작성과 운영을 맡았고 이후 당선 설계안을 발전시켜 확정하는 등의 역할을 맡았다. 박원순 시장 유고 이후에 시민위원회의 역할이 없어져서 마무리 단계에서는 구경꾼이었지만 어쨌든 지금 시민과 외국인들에게 사랑받는 광장 조성에 일조한 것에 대해 보람을 느낀다.

2017년 필자 등이 작업했던 광화문광장 전면 보행광장안

돌이켜보면 조성 과정에서 세 번 정도의 중요한 변곡점이 있었던 것 같다.

첫 번째는 전면 보행광장 계획의 무산이다. 포럼 시기부터 기왕에 '거대한 중앙분리대' 광장을 극복하기 위함이라면 전면 보행광장으로 가야 한다는 공감대가 있었고 특히 김원 위원장이 적극적이었다. 지하철 문제 등이 난제였으나 필자 등이 직접 계획안을 만들어 추인을 받았다. 그러나 문재인 정부가 대통령 집무실 광화문 이전 등을 밝히면서 이 방안은 폐기된다. 공사 기간과 경호 문제 등으로 현실성이 없어서였다.

두 번째는 사직로 우회안의 포기다. 차로의 지하화가 무산됨에 따라 사직로를 정부서울청사를 끼고 우회시켜 광장 중앙부를 관통시키는 안이 만들어졌다. 미국 대사관 앞에 삼거리가 생기고 광장은 북측의 역사광장과 남측의 시민광장으로 나뉠 터였다. 설계 공모도 이 방식을 전제로 개최되었다. 그러나 진영 행안부 장관이 정부서울청사 부지의 일부 편입을 한사코 거부했다. 결국 사직로를 원래대로 두고 편측 광장이 되는 최종안으로 확정되었다.

세 번째는 박원순 시장의 유고와 오세훈 시장의 재검토에 이르는 과정이다. 박시장은 별세 한 주 전에 필자 등을 공관으로 불러 추진 보류의 심중을 드러냈다. 주민과 시민단체의 반발로 착공이 근 일 년 늦어진 상태였다. 광장 완성이 대선 일정과 어긋날 것을 염려하는 것 같았다. 오세훈 시장은 취임 후 전면 재검토를 지시했다가 매몰 비용 등을 이유로 월대 복원 등을 추가해 재개한다. 두 번 없어질 뻔했다.

이러한 우여곡절과 4년간 300여 차례의 각종 소통을 통해 광장이 완성되었다. 김원 선생은 아직도 전면 보행광장의 미련을 버리지 못하신 것 같다. 나 역시 그렇다. 지하 1층 차도와 지하 2층의 버스환승 주차장까지 갖추었더라면 최근의 명동 버스 대란도 없었을 것이었다.

세종대왕 동상에 대해서도 그렇다. 이순신 장군 뒤쪽에 앉아 계신 모습이 영 어색하여 경복궁 안 혹은 세종로 공원으로 이전하는 논의가 있었는데 결국 이루지 못했다.

여전히 소란스럽고 여전히 수다스러우나 그나마 이만큼이라도 비워낸 것이 뿌듯하다.

품격 있는 도시는 시민 권력이 만든다

1. 도시의 품질과 도시의 품격: 강남과 강북

　서울의 강남이 강북에 대해 비교 우위를 가지는 것은 근대적 도시 삶에 적합한 도시구조를 가졌기 때문이다. 널찍한 간선 차로, 격자형 블록, 나름 곳곳에 자리한 근린공원 등 강북에서는 힘들여야 얻을 수 있는 도시 기반시설을 초기부터 갖추고 있다. 비교적 근래에 계획도시로 조성되었기 때문이다. 물론 강남도 아쉬운 점이 많다. 대로에는 고층건물이 즐비하나 한 켜만 들어가면 좁은 골목길과 잘게 나뉜 필지에 고만고만한 건물들이 몰려 있다. 블록 내 공원들이 있기는 하나 접근성이 좋다고는 할 수 없다.

　강남개발이 시작된 1970년대만 해도 서울이 집마다 차를 두 대씩 가진 세계 10위권 경제 대국의 수도가 될 것을 상상하지 못했다. 강남은 안보적 이유와 인구분산의 목적으로 급하게 세워진 주거 위주의 도시였다. 큰 땅은 공기업과 학교, 아파트 건설업체에 강매하다시피 떠넘기고 나머지는 시민들에게 단독주택 용지로 팔아야 겨우 도시건설 비용을 충당할 수 있었다. 이것이 현재 강남의 필지와 도로가 극대·극소로 양극화된 곡절이다.

강남과 강북의 블록 비교

강남역 주변(격자형)

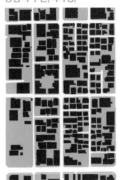

종각역 주변(미로형)

도시계획은 물리적으로만 본다면 땅 쪼개기이다. 땅에 금을 그어 도로, 공원, 하천 등을 구별한 후 나머지를 다시 필지로 잘게 쪼개 각각의 쓰임새를 결정하는 일이다. 이 금긋기를 어떻게 하느냐에 따라 그 도시와 개별 필지의 명운과 품격이 결정된다.

고대로부터 가장 보편적인 금긋기 방식은 격자(grid) 방식이다. 당나라 때의 장안성과 로마 시대 병참 도시에서부터 근현대의 뉴욕 맨해튼이나 서울 강남에 이르기까지 가장 효율적으로 도시 공간을 쓸 수 있는 방식이다. 도시의 기능, 즉 품질로만 따지면 가장 으뜸가는 방식이다.

한편 격자 구조를 근간으로 하되 주요 결절점에서 방사형 도로까지 뚫은 도시를 바로크식 도시라 한다. 독일의 카를스루에, 미국의 워싱턴 D.C., 오스만의 대개조 이후의 파리 등이 그것으로 18~19세기에 등장한다. 기능만이 아니라 도시경관, 장소성, 상징성까지 고려하는 계획이다.[15]

15
바로크 시대는 다시 왕권이 부활하며 세속적인 국민 국가적 절대주의로 전환되는 시기이다. 왕으로의 권력 집중이 도시공간에서는 이를 표상하는 방식으로 나타난다. 개선문이나 조각상, 오벨리스크 등을 갖춘 중심성이 강한 결절점과 이들을 잇는 강한 축(axis)인 넓은 길, 사방으로 펼쳐져 강력한 투시도적 효과에 의해 만들어진 조망(vista) 등이 바로크 도시의 요소다.

맨해튼은 그나마 사선 방향의 브로드웨이를 추가한 덕분에 타임스퀘어 같은 결절점에 광장을 가진 덜 지루한 도시구조가 되었으며 센트럴 파크라는 거대한 비움 덕분에 초고밀을 견디는 도시가 되었다. 반면 강남은 전체가 균질하며 찌질하다.

서초에서 송파까지 무색무취의 격자 공간이며 공원이라 해야 평탄화가 어려워 남긴 블록 내 언덕이 고작이다. 이 시대 메트로폴리탄이 가져야 할 품질로도 별로이지만 품격이라는 잣대로는 낙제점에 가깝다.

오히려 이런 측면에서는 강북이 더 품격 있는 도시에 가깝다. 내사산(內四山)과 청계천, 광화문광장 및 서울광장과 고궁, 한옥촌과 오래된 골목들, 강남에는 없는 자연적, 역사적 자원이 넘친다.

그런데 그동안 서울 강북에 대한 정책은 강남 따라하기였다. 사대문 안 역사 도심의 소중한 자원을 부수며 고층 오피스를 세웠고 오랜 도시구조를 허물고 강남식 아파트 단지를 만들기 바빴다. 이는 개발연대 이래 도시의 품격을 품질의 하위개념으로 여겨와서이다. 서울이 세계적인 도시가 되기 위해서는 품질은 물론 품격 또한 갖추어야 한다. 품질의 균형발전으로는 이를 얻지 못한다. 서울의 품격을 제공하는 강북은 강남과는 다른 방식으로 개발되어야 하는 이유다.

2. 도시에서의 공익과 사익: 파리와 런던

파리는 구도심 전역에 10층 이상의 건물은 없다. 1973년 '검은 묘비'라는 오명을 얻은 209m 높이의 몽파르나스 타워가 들어선 이후 분노한 시민들은 합의를 통해 도심 건물의 높이를 37m로 제한했기 때문이다.[16]

파리는 세계적으로 가장 밀도 높은 도시 중 하나다. 파리 20개 구를 합한 면적은 105.4km²인데 인구는 220만이다. 강남 3개 구의 면적이 120.3km²이고 인구

16
파리에 고층건물이 없는 이유에는 여러 이론이 있다. 지반암이 약한 데다 이를 채석하여 상부의 건물, 다리를 짓는 데 쓴 까닭에 구멍이 숭숭 뚫려있는 상태이기 때문이라는 이론이 있다. 또 오스만의 파리 대개조 시기에 대로변의 건물을 높이 20m에 45도 경사 지붕을 일률적으로 강제했고 이것이 지금껏 남아있기 때문이라는 설도 있다. 어쨌든 몽파르나스 타워 이전에는 파리에서 명시적인 높이 규제는 없었다.

그리드 체계 도시계획인 맨해튼(위)과 바로크식의 파리(아래)

가 162만 명이니 인구밀도는 1.55배다.

인구밀도가 높으니 당연히 건물의 평균 용적률도 높다. 300% 가까이 되어 서울의 거의 2배다. 더구나 층수가 제한되니 건폐율도 더불어 높아질 터, 말 그대로 빽빽하게 차 있다. 그럼에도 그들은 층수를 풀어달라 공원과 숲을 해제해달라는 요구가 없다.

자랑스러운 파리의 도시경관과 도시 품격을 지키기 위해 쾌적한 주거환경은 어느 정도 포기하고 산다. 도시의 개발 욕구를 해소하기 위해 구도심 외곽에 고층건물이 허용되는 라 데팡스 지구를 건설했으나 인기가 없다. 이같이 도시의 품격을 위해 내 삶의 품질을 일정 정도 희생하는 시민 정신이 아름다운 도시 파리를 지켜내는 힘이다.

반면 런던은 고층건물과 저층인 옛 도시 조직이 균형과 조화를 이루며 품격을 자아낸다. 대영제국의 영화를 기억하고 있는 수많은 명소가 낮게 깔려 있는가 하면 더 시티(the City) 같은 금융가나 카나리 워프(Canary Wharf) 같은 도시재생 지구에는 초고층 건물도 즐비하다.

파리 같은 일률적인 높이 제한은 없다. 사안에 따라 이해 당사자들과 시민들이 토론과 협상을 통해 문제가 없다고 판단하면 그대로 지을 수 있다.

그렇다고 높이에 대한 기준이 아예 없는 것은 아니다. 세인트 폴 성당 같은 중요한 랜드마크에 대해서는 시내의 주요 조망점으로부터 경관통로(view corridor)를 형성하여 그 안에서는 철저히 높이를 규제한다. 여기에 걸친 필지는 재산권을 침해받아 반발이 심할 것 같지만 그렇지 않다.

파리와 런던, 건물 높이에 대처하는 방식은 전혀 다르지만, 전체를 위해 개별을 희생한다는 점에서는 공통분모를 가진다. 도시에서는 항상 사익과 공익이 충돌한다. 공적 이익이 사적 이해를 힘으로 복속시키면 평양처럼 박제된 도시가 되고 사적 이익에 공공성이 굴복하면 다카르 같은 너절한 도시가 된다.

품격 있는 도시는 공동선과 사적 이해가 화해하는 지점을 찾아내어 질서 속에 개성이 살아있게 만든다.

서울의 강북도 일찍이 이러한 방식을 취했어야 했다. 맨땅에 건물을 올리는 강남과는 달리 보존과 개발이 조화를 이루는 방식이었어야 했고 규제의 기준은 사회적 합의로 채택되었어야 옳았다.[17] 만일 그랬다면 지금의 강북은 지금의 이도 저도 아닌 어정쩡한 모습이 아니었을 터이다.

600년 도시에 걸맞게 많은 역사 및 문화 자원을 품고

17
서울 도심부에 대한 최초의 종합계획은 '서울 도심부 관리계획(2000)'으로 이미 도심부의 역사자원이 대부분 손실된 이후다. 이후 청계천 주변 관리를 담은 '도심부 발전 계획(2004)'를 거쳐 '역사 도심 기본계획(2015)'이 수립된다.

있는 역사 도심(Old Quarter)을 지니고 있었을 것이며 그 자부심으로 강북의 시민들은 강남 바라기를 하지 않아도 되었을 것이다. 파리 구 도심 시민들이 라 데팡스를 부러워하지 않듯이.

3. 허가 혹은 협상: 브로드웨이와 북촌

뉴욕 브로드웨이의 극장, 공중권 판매로 저층 원형을 유지하고 있다.
사진 Ajay Suresh, CC BY 2.0,
https://commons.wikimedia.org/w/
index.php?curid=80471028

1970년대 뉴욕의 중심 브로드웨이의 극장가는 모두 철거의 위협에 직면했다. 맨해튼 동쪽에서부터 밀려오는 고층 오피스들의 개발압력에 의해서다. 도시의 문화 인프라로서 극장을 보존해야 한다는 입장과 개발 논리가 팽팽히 맞섰다. 10년의 시행착오, 토론과 협상 끝에 창의적인 해결책을 찾았다.

극장을 새 건물 안에 포함할 때 용적률 인센티브를 주는 방식을 한동안 지속하다가 최종적으로 극장 상부 개발권을 판매하는 방식을 채택했다. 저층 극장은 현금을, 개발사업자는 추가 용적률을 얻어 윈윈(win-win)이다.[18] 그런데 세월이 흘러 천덕꾸러기 신세이던 저층 극장은 뉴욕의 최고 효자가 됐다. 2023년 뉴욕 관광객 6천만 명 중 1200만 명이 브로드웨이의 관객이 되고 있으니 그때 헐었으면 어찌할 뻔했나?

우리에게도 비슷한 사례가 있다. 북촌과 서촌이다. 1992년 가회동 한옥보존지구가 해제되면서 북촌에는 빌라 열풍이 불기 시작했다. 다행히 시에서 2001년부터

18
상부개발권을 공중권(air-right)라고도 한다. 맨해튼 5번가의 트럼프타워도 바로 옆 티파니 건물 공중권을 사서 더 높이 올렸다.

'북촌 가꾸기 사업'을 시작해 한옥 개량을 지원하는 등의 노력을 기울여 살아남았다. 성숙한 주민의식으로 재개발을 저지한 서촌도 그렇다. 지금은 오버투어리즘을 걱정할 정도로 이곳은 서울을 찾는 관광객의 최애 방문지로 자리매김했다.

종로 2가 모서리의 있었던 화신백화점은 아쉬운 경우다. 일제강점기인 1937년, 최초이자 유일한 민족 자본으로 설립한 백화점이자 근대건축 교육을 받은 최초의 한국인 건축가 박길룡이 설계한 건물이었다. 그러나 1987년 삼성으로 소유권이 넘어가 지금의 낮도깨비 같은 건물이 되었다.

보존과 개발을 아우르는 방법이 충분히 있었다. 외피를 남기고 새 빌딩을 안에 심은 뉴욕의 허스트 빌딩이나 도쿄의 마루노우치 지구 같은 시도를 했어야 마땅했다. 도쿄 마루노우치 빌딩은 원래 황궁 때문에 저층 지구였다. 고층개발을 허용하면서 저층부는 옛 건물의 모습을 보존하는 것을 의무화 했다. 뉴욕의 허스트 빌딩의 저층부 또한 오래 전부터 있던 건물의 외피를 보존하면서 고층을 올렸다.

보존, 역사, 문화 등에 의해 우러나오는 도시의 품격은 눈앞의 경제적 이익을 양보하고서야 얻을 수 있는 것임을 앞의 사례들은 보여준다. 도시의 품격은 길게 보는 혜안을 가진 도시의 리더십과 수준 높은 시민의식

지금은 헐린 화신백화점
(사진 서울역사박물관)

도쿄 마루노우치 빌딩(위)
사진 Kakidai, CC BY-SA 3.0, https://commons.wikimedia org/wiki/File:Marunouchi_Building.JPG

뉴욕 허스트 빌딩(아래)
사진 Leonard J. DeFrancisci, CC BY-SA 3.0, https://commons.wikimedia.org/wiki/File:Hearst_Tower_(Manhattan,_New_York)_002.jpg#/media/File:Hearst_Tower_(Manhattan,_New_York)_002.jpg

주거지역에서 상업지역으로
용도구역 종 상향이 이루어지
면 개발 차익이 발생하고 이
를 환수할 필요가 생긴다. 종
전에는 이를 도로, 학교, 공원
등을 일률적인 비율로 확보했
으나 '사전협상제'에서는 환
수의 비율과 공공기여의 종류
를 협상을 통해 정할 수 있다.

20
개발사업, 정비사업 승인이 종
전에는 계획안을 제출 후 사
후심의 등을 통해 결정되었다
면 '사전 공공기획제'에서는
민간과 공공이 협상을 통해
계획안을 같이 작성하는 방식
을 취한다. 계획단계부터 공
공성을 확보해서 좋고 사업주
는 인허가 기간을 단축할 수
있어 좋다. 박원순 시장이 '도
시계획 혁명'이라는 모토로 시
작했으며 오세훈 시장은 '신
속통합계획'이라는 이름으로
이어받았다.

에 의해서만 가능한 덕목이다. 이는 이들 도시들이 지닌
오랜 민주주의 문화와 깊은 관련이 있다. 도시공간에
관한 의사결정이 정치·행정 권력으로부터의 하향식이
아닌 시민으로부터 상향식으로 이루어지는 전통이다.

예컨대 영국에는 건축 인허가라는 것이 따로 없다. 법
의 취지에 맞는지를 시민, 전문가들이 토론하여 부합된
다고 결정하는 합의가 곧 허가다. 이 과정에서 행정청은
회의주재, 자료제공 등의 역할만 할 뿐이다. 그렇기에
도시개발 사업이든 건축물 인허가든 설득해야 할 대상
은 공무원이 아니라 시민들이다. 제출한 계획이 공공성
과 사적 이익 사이에서 균형을 잘 이루고 있음을 보여주
고, 필요하면 조정과 협상을 한다. 공익과 사익을 주고
받으며 타협안을 도출하면 허가를 받은 것이다.

반면 우리는, 인허가는 마땅히 공무원이 내주는 것으
로 알아 왔다. 권위주의 시대에는 허가권을 쥔 관청에
읍소를 해서 얻는 줄로 알았고 지금은 관청 앞에 가서
시위를 해야 얻는 줄 안다. 정치적 민주주의는 얻었는데
아직도 도시 공간을 둘러싼 갈등을 타협과 협상으로 풀
만큼의 민주주의는 도착하지 않았다.

그래도 진전은 있다. 서울시는 '도시관리계획변경 사
전협상제'[19]를 2009년부터 도입해 융통성 있는 개발사업 인허가를 가
능케 하고 있으며 2019년에는 '사전공공기획제도'[20]를 도입해서 공공
과 민간이 협상을 통해 공공성과 사업성을 같이 충족시킬 수 있는 방

식을 도입했다. 선진 도시들은 오래전부터 해오던 방식이다.

공공성은 공무원이 대변하지 않는다. 공공성은 시민 모두를 위한 것이며 사익과 공공성 사이의 타협점을 시민주도로 찾아내는 사회가 진정한 민주주의 사회다.

4. 도시계획과 도시설계: 베를린과 암스테르담

품격이 있는 도시는 질서 속에 개성이 있는 도시다. 질서만 있으면 병영이고 개성만 있으면 놀이동산이다. 파리, 런던은 물론 빈, 베를린, 암스테르담 등 유럽의 품격 있는 대도시들의 공통점은 전체를 아우르는 일관된 질서를 지키면서도 개성을 뽐내는 건물들이 곳곳에 박혀있다는 점이다. 반면 서울을 살펴보면 튀는 개성을 보이는 건물들은 없지 않은데 스카이라인과 가로[21] 등에서 도무지 질서와 통일감을 찾아보기 힘들다. 왜 이렇게 되었을까? 바로 우리 도시에서 개별 건축물을 규율하는 시스템이 후진적이었기 때문이다.

도시 구조가 형성된 후 도시의 최종 모습을 결정하는 것은 개별 건축물들이 이루는 집합 경관이다. 각 건축물이 개별적으로는 뛰어날지라도 건축물들이 무리를 지은 모습이 중구난방이라면 그 도시는 품격 있는 도시라 하기 어렵다. 따라서 좋은 도시 경관을 얻기 위해서

21
가로 벽(street wall)은 가로의 벽 역할을 하는 건물들의 연속된 입면을 말한다. 도시 가로 경관을 창출하는 가장 중요한 요소다. 건물의 입면이 자기의 모양만 생각하는 것이 아니라 주위의 맥락과 일체를 이루어야 하기에 선진 도시일수록 이에 대한 규제가 심하다.

베를린과 암스테르담의 가로, 개별 건물들끼리 질서를 지켜 통일성을 만든다. (사진 함인선)

싱가포르의 백색 지역(White Zone)

주거

단층주거상업

복층주거상업

상업

호텔

백색구역

는 각 건축물에 규범을 강제할 수밖에 없다. 그리고 이 규범이 어떤 수준인가에 따라 도시 경관의 품격이 달라진다.

도시 구조를 만드는 금긋기가 도시계획의 한 축이라면 다른 한 축은 개별 건축이 준수할 규범을 만드는 일이다. 규범의 방식 중 가장 쉽고도 간단한 것은 주거, 상업, 공업 등 용도별로 구획한 각 지역에 용적률, 건폐율, 최고 높이 같은 숫자를 주는 방식이다. 이 방식을 단일 용도 지역제(Single-Use Zoning)라 한다. 가장 오래된 도시관리 방법이며 우리나라 도시계획 수단에서도 근간이 되는 방식이다.[22] 문제는 이 방식으로 양적 측면은 규제할 수 있으나 질적 측면, 예컨대 질서, 통일성, 디자인 품격 등에 대한 규제는 불가능하다는 것이다.

그리하여 등장하는 것이 '도시설계(Urban Design)'다. 양적인 규제에 더하여 질적인 내용까지 규정한다. 도시 공간이 3차원적임을 고려해 단순한 높이 규제를 넘어 스카이라인, 통경축 등도 살피고 가로 벽의 높이와 입면

22
단일 용도 지역제는 도시의 기능들을 평면적으로 이격시켜 직주 분리, 다양성 부족 등의 여러 도시문제를 일으킨다. 이에 용도의 입체적 복합을 허용하는 복합 용도 지역제(mixes-use zoning), 특별 계획 지역제(special zoning) 등도 등장한다. 싱가포르는 아예 사전에 용도구역을 지정하지 않고 개발계획에 따라 맞추어주는 백색 지역(white zone)제를 운영한다.

용도지역제 :
건폐율, 용적률, 높이 지정

지구단위 계획제 :
가로 입면까지 지정

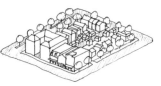
형태기반 상세구역제 :
블록 내 오픈스페이스,
지붕 형태 까지 지정

에 관한 내용도 규정한다. 또 도시 전역에 보편적으로 적용되는 규범이 아니라 구역별로 특성을 고려하여 맞춤형으로 만들어지는 규범이라는 점도 도시계획과 다른 점이다.

우리나라에서는 1980년 처음 도입되었고 2000년 이후 '지구 단위 계획제도'라는 이름으로 시행되어 오고 있다. 문제는 아직도 이 제도 안에 들어오지 않은 지역이 대부분이라는 점이다. 서울시의 경우 현재 지구 단위 계획을 수립한 면적이 전체의 27%에 지나지 않는다. 말하자면 서울의 4분의 3에서 건축물은 여전히 양적 규제에만 의존하고 있다는 뜻이다.[23]

미국, 영국, 독일 등의 앞선 도시들은 이제 도시설계 제도를 넘어 더 선진적인 도시 품격 관리제도를 도입하고 있다. '형태 기반형 지구 상세 계획제도'이다. 도시설계가 높이와 가로변 입면 정도까지 규정한다면 이 제도는 건축물과 가로의 형태, 치수, 위치는 물론 오픈스페이스와 공공공간에 관한 내용까지 규정한다. 가로

전통적인 용도지역제, 지구단위 계획제, 형태기반 상세구역제의 비교

23
우리나라 건축허가는 법 기속주의를 따르기 때문에 아무리 흉하게 생겼어도 법에 위배하지 않았으면 허가를 내주어야 한다. 이를 제어하겠다고 만든 제도가 건축 심의제도다. 서울은 1972년부터 미관지구를 정하고 지구 내 건축물의 디자인에 대해 미관심의라는 것을 했다. 당연히 자의적일 수밖에 없고 또 하나의 부패 사슬로 작용한다. 2014년 국토부는 심의 기준 투명화를 위한 가이드라인을 제시했지만 현장에서는 크게 달라진 바 없다.

벽의 높이와 지붕 형태 더 나아가 입면의 재료, 창의 형태까지도 규정함은 물론이다. 개별 건축물 내부에 대한 상세설계만 없을 뿐 배치, 형태와 재료는 다 설계되어있는 셈이다. 이 기준대로 설계하면 심의도 필요 없이 허가가 바로 나온다.

미국은 형태기반 코드(Form-based Code)라는 이름으로 대부분의 도시들이 도입하고 있으며 디자인 코드(Design Code)라는 명칭으로 도입한 영국은 최근 법으로 의무화하기 시작했다. 독일은 형태규정(Gestaltungssatzung)을 기존의 상세지구계획(Bebauungsplan)과 연계해서 운용하고 있다. 당연히 이런 상세한 규정을 마련하는 데는 상당한 시간과 예산이 필요하다. 그러나 이들 선진 도시들은 도시의 품격을 지키기 위해 이 비용을 쓰는 데 주저함이 없다.

우리의 도시는 형태 기반은커녕 지구단위 계획조차 아직 걸음마 단계다. 그나마 공공이 수립한 것보다 개발사업 민원인들이 작성해서 수립한 경우가 월등히 많다. 품격 있는 도시는 공짜가 아니다. 전체를 위해 개별을 희생하는 시민의식과 더불어 명확하고 상세한 규정으로 얻어진다. 그리고 그것은 당연히 비용이 따른다.

우리 도시의 품격을 위해 시민들은 위정자에게 그것을 지키기 위한 비용을 지출할 것을 요구할 권리가 있다. 또 합의를 통해 공동선을 위한 명확한 기준을 수립하고 따라야 한다. 품격 도시는 성숙한 시민정신과 시민 권력에 의해 비로소 얻어진다.

II

성냥갑 아파트가 어때서

왜 고시원은 타워팰리스보다 비싼가?

이 글은 중앙일보 시론 '왜 고시원은 타워팰리스보다 비싼가?'(2017.12.21)로 게재되었음.

文정부 첫 주택 공급대책, 계층별 지원·공공성 강화에 초점

문재인 정부가 무주택 서민의 주거 안정을 위해 임기 내 총 100만호의 주택을 공급하는 것을 뼈대로 한 주거복지 로드맵을 29일 발표했다. 국토교통부는 주택공급에 필요한 택지를 확보하기 위해 40여 곳의 신규 공공택지를 개발할 방침이다.… 주거비 감당이 어려운 청년과 신혼부부 등 젊은 세대에게 생애 단계·소득수준별 맞춤형 주거 지원을 제공하겠다고 밝혔다. (2017.11.29, 한겨레신문, 동아일보)

이 시대 집은 도시로 외부화된다.

타워팰리스의 3.3㎡당 월세는 11만 6천원이고 고시원은 13만 6천원이다. 이 경악스러운 가격표로 주거 취약계층의 처지에 분노하는 것만으로는 부족하다. 오히려 고시원의 경쟁력(?)을 살펴 미래 도시주거의 방향을 읽어내는 것이 필요하다.

도쿄에서 뭄바이까지, 저급 주거문제는 이 시대 세계적인 고질이다. 악명 높은 홍콩의 관차이(棺材, coffin cubicles)는 말 그대로 관 크기의 쪽방이다. 작은 아파트를 2평 단위로 쪼개고 위아래로도 나눈다. 안에서는 오직 앉거나 누울 수만 있다. 한 칸 월세가 평균 35만원임에도 일부에서는 품귀란다.

정부는 지난 29일 청년, 신혼부부, 노년층 등 주거약자에 방점이 찍힌 '주거복지 로드맵'을 발표했다. 신자유주의 시장에 내맡겨져 이 지경이 된 그간의 주택정책을 반성하고 촘촘한 기획을 통해 주거의 공공성을 회복하겠다는 방향은 옳다.

그러나 정교하고 현실적인 처방보다는 더 대담하고 미래지향적인 목표가 제시되기를 기대했다. 예컨대 '주택에서 주거로', '소유에서 공유로', '단지에서 동네로' 같은 주거 패러다임의 전환을 기조로 하고 세부정책을 말했으면 무엇을 위한 로드맵인지가 더 명확했을 것이다.

정부의 로드맵은 여전히 주거문제를 주택문제로만 보고 있다.[24] 고시원은 '주거'와 '주택'의 차이를 잘 설

24
주택(Housing)과 주거(Dwelling)은 다르다. "주택은 살기 위한 집이며 빌딩타입의 하나라면 주거는 사람이 생활을 영위하는 장소와 그 안에서 이루어지는 생활까지를 포함한다." (김광현, '호간에서 배우는 주택과 주거')

명해 준다. 아파트로 치면 침실만 떼어내 임대한 경우가 고시원이다. 나머지 공간은 모두 동네에서 해결된다. 편의점이 '주방/식당'이고 커피집은 '공부방/거실'이며 빨래방이 발코니가 된다.

언젠가부터 주거행위는 도시공간으로 빠져나왔으며 주택은 해체되었다. 역설적이게도 주거의 도시로의 연장(extension)은 고시원의 존재 이유이자 경쟁력의 원천이다.

이제 중요한 것은 도시 내 '핫(Hot)'한 장소에 대한 접근성이다. 일자리, 정보, 문화, 교류에서 소외되지 않고 짧은 출퇴근 시간이 보장된다면 개인 공간이 지옥고(지하방, 옥탑방, 고시원)에 있음은 문제가 아니다. 좋은 입지는 '강남'만큼 희소하고 저성장 및 1~2인 가구 증가로 경쟁은 더욱 가속화될 것이기에 고시원은 당분간 시장 지배자일 것이다.

대학기숙사, 외곽의 임대주택, 공공지원 정도로는 이 싸움에서 이길 수 없다. 주택을 넘어 도시를 주거의 확장영역으로 보는 전환이 필요하다. 도심 내 임대주택에 사회기반시설의 지위를 주어 사회가 비용을 보전해주는 것이 하나의 방법이다. 사회적 합의와 법의 정비에 지난한 수고가 필요하겠지만 홍콩처럼 되는 것보다는 낫지 않을까.

'로드맵'은 여전히 자가 소유 위주 주택정책의 틀을 못 벗어나고 있다. 100만 가구의 공적 주택을 말하나 순수 공공주택이라 할 30년 장기임대는 28만 호에 불과하다. 지난 5년간의 15만 호 보다는 획기적이나 OECD 평균 11.5%에 근접한 10%에 도달하려면 44만 호가 추가 공급되어야 한다.

그러니 디테일과 레토릭이 달라졌을 뿐 역대 정권의 공공주택 정책과 다를 바 없다는 비판을 이쪽에서 듣고 이마저도 과잉 복지라는 비판을 저쪽에서 받는다. 아예 "더 이상 집을 소유할 필요가 없는 세상을 열겠다."라고 했으면 어땠을까? 실제로 네덜란드는 40%가 공공임대이며 미국, 영국조차 최근 10년 사이 자가 비율이 낮아지고 있는 시절이다.

또 우버와 에어비앤비가 보여주듯 '공유의 시대'가 도래할 앞으로는 집 또한, 사유 대신 공유, 소유에서 사용의 개념으로 바뀔 것이다. 사적 공간은 극소화하고 도시공간을 주거공간으로 전유(專有)함으로써 효율을 극대화하는 고시원이 이 변화의 프런티어이다. 각자의 저축을 통해 1가구 1주택 달성을 목표로 하는 '국민주택'의 개념은 이제 폐기되어야 할 시점이다.[25] 적어도 진보 정권의 로드맵이라면 주거만은 국가가 책임지겠노라는 약속의 로드맵이었어야 옳다.

'로드맵'은 여전히 택지개발과 단지형 아파트를 주된 공급수단으로 보고 있다. 그린벨트와 녹지를 희생시키는 택지개발은 지속가능하지도 않고 외곽이기에 선호지도 아니다. 더구나 빈집 107만 호 중 57만 호를 차지하는 아파트가 부족한 것도 아니다.

한편 정부는 50조 원을 들이는 도시재생을 통해 기성 시가지의 주거환경을 아파트 단지 수준으로 향상시키겠다고 했다. 도시재생은 아파트 시대를 거치며 소외되고 수탈당한 기존 주택가에 대한 보상인 동시에 입지성이 우수한 도심의 주거 경쟁력을 높일 수단이기도 하다. 그러므로 도시재생은 주거 및 동네 재생이 핵심이 되어야 한다.

그런데 로드맵 어디에도 도시재생을 통해 공공주택을 확보하겠다는 대목은 없다. 더구나 가장 재생이 절실한 서울은 내년도 사업에서 제외되었다. 도시재생을 '돈 풀린다'는 신호로 받아들인 시장이 꿈틀대자 나온 '8.2 조치' 때문이다. 도심을 놔두고 외곽 택지개발로 공급하겠다는 얘기는 당국이 여전히 겁먹고 있다는 뜻으로 읽힌다.

도시재생이 성공하려면 아파트에 중독된 소비자들과 아파트 생산에 최적화된 산업 생태계와 경쟁하여 이겨야 한다. 쉽지 않은 길이나 반드시 가야 할 길이다. 정부는 명운을 걸고 이 일을 추진하고 성공시키겠다는 의지를 시장에 보여주었어야 했다.

초연결 사회, 4차 산업혁명기의 도시와 주택은 혁명적 변환을 요구한다. 주거와 도시가 넘나들고 기능과 용도가 혼성화되는 공간일 것이다. 새 시대에 대한 통찰과 상상력이 없다면 어떤 대책도 대증요법이다.

내집 마련보다 더 중요한 것은

주거 취약계층으로 분류될 전국의 지옥고 거주자가 2020년 기준으로 85만 5553가구에 달하는 것으로 집계됐다. 고시원으로 대표되는 비주거시설 거주자가 46만 2630가구로 가장 많았고, 지하 및 반지하 32만 7320가구, 옥탑방 6만 5603가구였다. 2010년과 비교해 지옥고 거주자는 23% 증가했다. (2022.9.29, 동아일보)

무주택 청년의 주거 안정을 위해 서울시가 공급하는 역세권 청년 안심주택 사업 인허가가 올해 단 한 건에 불과한 것으로 확인됐다. 청년 안심주택은 19~39세 무주택 청년, 신혼부부의 주거 안정을 위해 대중교통 이용이 편리한 곳의 주택을 저렴하게 임대하는 사업이다. 현재 속도라면 올 한 해 공급물량이 작년의 절반, 재작년의 반의반 토막날 것이란 우려가 나온다. (2024.5.21, 한국경제)

서울 주거 취약층의 주거 상황은 날이 갈수록 나빠지고 있다. 2017년 발표한 주거복지 로드맵에서 약속한 최저소득계층, 고령자, 청년 등을 위한 공공 임대주택 재고는 2021년 말 약 9.5%로 2000년 2.3%에 비교해서 늘기는 했으나 영국, 네덜란드, 프랑스 등 전후 사회주택 확장정책을 펼친 국가들에 비하면 여전히 모자란다. 그런데도 윤석열 정부는 2022년 공공 임대주택 예산 5조 7000억원을 삭감했다.

그러고는 2023년 11월 '청년 내집 마련 1.2.3 주거 지원'정책을 발표했다. '청년 주택드림 청약통장'에 가입하면 3단계에 걸쳐 금리 인하 등으로 집 마련을 지원하겠다는 것이다. 겉보기에는 파격인 듯해

도 주거안정을 금융과 분양이라는 방식으로 해결하겠다는 패러다임에서는 하나도 달라진 바가 없다.

게다가 분양가 6억 원의 집을 얻을 청년은 안정적인 급여나 '가족은행'에 기댈 수 있는 소수에 지나지 않는다. 2030세대 내 가구당 자산은 상,하위 20%의 격차가 35배에 이를 정도로 양극화되어 있다.

더구나 현재 출생률은 0.78명으로 떨어졌고 1~2인 가구의 비율은 62.5%에 달한다. 비친족 가구원 역시 100만 명을 넘어섰다. 이제 4인 가구 위주, 분양 위주의 주택공급 기조는 달라져야 한다. 이러한 상황인데도 공공임대 공급은 오히려 줄고 있다.

재정 투입분은 나라 살림이 어려워져서이고 민간 공급분은 PF(프로젝트 파이낸싱) 시장 냉각으로 말미암아서다. 그러니 지옥고로의 행렬은 더 커지고 고시원의 집세는 여전히 타워팰리스보다 높다.

주택 공급 패러다임을 혁명적으로 바꾸지 않으면 안 된다. '내 집 마련'의 기회가 아니라, 자신이 원하는 친밀성의 형태에 따라 누구와 함께 어떻게 살 것인지를 선택하고 보장받아야 한다.

서초동에 있는 신민재 설계의 '얇디얇은 집', 폭 최소 1m ~ 최대 2.5m, 길이 20m, 바닥 면적 10평 밖에 안 되는 이상하고도 작은 대지에 있다.

모순도시 '강남'의 해법

이 글은 중앙일보 중앙시평 '정부 스스로 만든 헤테로 토피아 강남'(2018.3.22)으로 게재되었음.

'디에이치 자이 개포' 10만 청약 大戰

개포 주공 8단지 재건축 단지인 '디에이치 자이 개포'가 3월 분양을 앞두고 초미의 관심을 받고 있다. 업계에서는 '10만 청약 대전'이 현실화할 가능성이 제기되고 있다.… 부동산 관계자는 "교통과 학군, 주거환경, 미래가치 등 어느 하나 빠지지 않는 단지로 문의가 끊이지 않고 있다"라며 "워낙 입지가 우수한 단지이기 때문에 흥행은 성공할 것으로 예상된다"고 덧붙였다. (2018.3.2, 동아일보)

맨해튼, 홍콩, LA의 스카이라인 고층건물이 모여 있는 곳의 반경은 약 1.6km이다.

'10만 청약설', 불길한 예언이 현실화될 조짐이 보인다. 이른바 '로또 아파트', 개포 주공 8단지 얘기다. 특별 공급분 중 97%가 바로 소진되었다. 분양가가 10억이 넘는데도 시세 차익이 그만큼 매력적이라는 뜻이다. 이 광풍의 원인은 하나다. '강남'이 희소하기 때문이다. 비트코인은 채굴이 어려워 희소하고 강남은 대체재가 없기에 희소하다.

분당, 여의도의 도시 인프라가 강남 못지않지만 희소함은 다른 데서 온다. 지난 정부에서는 장관 17명 중 11명이, 이번 정부는 1급 이상 655명 중 275명이 강남에 집을 가지고 있다. 이런 것이 희소성의 원천이다.

정부는 대출 규제 강화, 재건축 부담금, 안전진단 기준 강화 등으로 강남을 옥죄고 있다. 그러나 이것은 강남의 희소가치를 높일 따름이다. 실제로 강남에서는 규제가 없는 1대1 재건축으로 방향을 선회하고 있다.[26] 원액에 물 타지 않고 '우리들만의 리그'로 가면 오히려 좋다는 것이다.

정부는 강남 집값이 부동산 정책의 방아쇠라 여기는 듯하다. 심리적으로만 보면 맞다. 그러나 당위론은 항상 현실과 미끄러진다.

'1마일 법칙'이라는 것이 있다. 맨해튼을 멀리서 보면 낙타 등 같다. 월스트리트가 있는 다운타운과 엠파이어 스테이트 빌딩이 위치한 미드타운이 볼록한 것은 두 곳에만 고층이 밀집되어서다. 즉 용적률이 높다는 뜻이고 땅값이 비싸다는 얘기다.

26
1대 1 재건축은 일반분양 물량이 거의 없거나 기존 세대 수를 유지하는 방식이다. 분양 수익이 거의 없는 대신 상대적으로 집값 등 주택 가치가 높아지며 재건축 초과이익 환수도 피할 수 있다. 또 일반분양이 30가구 미만이면 분양가상한제를 피할 수 있어 건축비 한도가 없기에 고급화가 가능하고 소형 세대나 임대 세대 비율도 줄일 수 있다.

그런데 이곳 반경이 여지없이 1.6km이다.

'리그'에 끼기 위해서는 도보 30분 거리 내에 사무실을 가져야 하므로 이 수요는 극도로 커지고 결국 수직개발로 이어진다. 마찬가지로 홍콩, 런던, LA, 도쿄도 1.6km 반경에서만 높다. 이처럼 희소성은 물리적 조건보다는 사회적 관계에 의해 만들어진다.

지하가 암반인 맨해튼의 대부분 아파트는 주차장이 없다. 갑부라도 택시(옐로우 캡) 애용자여야 하는 이유다. 볕 안 드는 침실 한두 개짜리 아파트가 수십억원이다. 그럼에도 뉴요커들은 맨해튼을 소망한다. 걸으면서 도시의 마법(Magic of City)을 누리고자 함이다. 뉴욕을 비롯한 현대의 메트로폴리스는 푸코가 말한 '헤테로토피아'적 장소다. 실제 공간이 있다는 점에서 '유토피아'와 다르고, 어둡지만은 않다는 면에서 '디스토피아'와도 다르다. '헤테로토피아'에는 일상과 비일상, 익숙함과 낯섦, 현실과 상상이 혼재, 병치되어 있다.

이 모순적 경향이 이 시대의 '도시성(性)'이다. '유토피아/디스토피아'를 나누는 선악의 이분법으로 재단되지 않는 현상이다. '강남 추구'는 강남이 가장 먼저 이 길에 들어섰고 소비자들이 이를 알아챈 결과에 다름 아니다. 한편 강남은 오이디푸스 꼴이다. 강남은 60년대 급격한 서울 인구증가와 강북 인구분산 필요성의 결과다.

초기에는 공무원을 강제로 이주시켰고 공공기관에 토지를 강매했다. 한강변 아파트는 준설한 강모래를 대가로 지어진 것이고 압구정 현대아파트는 저명, 고위 인사에게 반값으로 분양했다. 강북의 명문 학교도 모두 내려보냈으니 8학군도 이때 탄생한 것이다. 가난하되 배운 이들이 모인 곳이 학원가 대치동이다. 요컨대 강남의 생부는 국

1967년 제3한강교(현재 한남
대교)가 경부고속도로의 시
발점이 되면서 고속도로 부지
의 무상 확보를 위한 토지구
획 정리사업을 하게 되고 이
로써 강남개발이 시작된다.
1968년의 1.21사태와 울진·
삼척 무장공비 침투 사건 등
으로 안보 불안에 강북의 인
구분산 필요성이 커지게 됨
에 따라 1970년 서울시장 양
택식은 제2 서울을 강남에 만
들겠다는 발표를 한다. 급속
한 인구 이동을 위해 아파트
지구 지정, 주택건설촉진법 제
정, 선분양제도 등의 지원책
을 내놓는다. 이로써 강남의
땅값은 60년대 평당 500원에
서 10년 만에 천 배가 오른다.

1978년경 압구정동, 뒤로 현대
아파트가 지어지고 있다.
(사진 서울역사박물관)

가다.[27]

투기 대상이 된 아파트 또한 국가의 작품이다. 공공
인프라부터 마련한 후 지은 선진국의 연도(沿道)형 아파
트와 달리 우리의 단지(團地)형 아파트는 도로, 녹지, 주
차장, 놀이터, 주민시설 등을 내부에 가진다. 공공이 지
불할 비용이 분양가에 포함되었음에도 더 나은 주거환
경을 위해 70년대 중산층들은 기꺼이 감당했다.

300달러의 국민소득이 이제 100배가 되었으니 강남
같은 도시환경을 원하는 사람이 많아진 것은 전혀 이상
하지 않다. 지금 와서 강남을 구박할 일이 아니라 그동
안 비용도 아꼈으면서 왜 '강남'이 하나뿐인지 설명해야
한다.

아파트 평균 수명은 영국 140년, 미국 103년인데 우

리는 22.6년이다. 콘크리트 수명이 100년이니 이 짧은 생애는 부동산 가치로만 설명된다. 자기 아파트가 무너질 지경이라는데 '경축! 구조 진단 통과'라는 현수막이 걸리는 뜻이 무엇이겠는가.

어디도 구조체의 수명 같은 민간 영역의 판단에 나라가 개입하지 않는다. 또 도시공간의 불평등 발전과 도시민들의 지대추구는 우리만의 일도, 이 시대만의 모순도 아니다. 만사에 개입하던 개발시대의 업보에서 벗어나 이제 어른이 된 사회에 맡겨야 한다. 간섭할수록 국가의 편애가 여전한 것으로 보여 추구심만 높일 뿐이다.

강남 문제는 도시재생사업을 통해 많은 '강남'을 만드는 것 말고는 대안이 없다. 강남의 DNA인 고위 공직자들부터 뿔뿔이 이사 가시라.

지금은

'재벌가 혼맥' 후려치는 '아파트 혼맥'

서울 서초구의 한 신축 대단지 아파트에서 입주민의 미혼 자녀들끼리 만남을 주선하는 모임이 결성됐다는 보도가 나왔다. 가입비 10만 원에, 연회비 30만 원이다. 가입 대상은 아파트 입주민 및 입주민의 결혼 적령기 자녀다. 이 아파트는 평당 매매가가 1억 6500만 원에 달한다.… '아파트 단지 내부 중매' 기사에 독자들이 '자가와 전세는 리그를 나눠서?', 'ㅎㅎ 100평에는 30평짜리 3명 붙여주라', '평형별로 나눠서 사돈 해라', '그곳 살다 다른 동네 이사 가면 이혼하나요?' 등의 댓글을 달았다. (2024.5.15, 조선일보)

가관이다. 재벌가 혼맥을 후려치는 아파트 혼맥이다. 한때 '마담 뚜'들은 가난하나 공부를 잘해 의사, 판검사가 된 사람과 있는 집을 연결하는 노릇을 했다. 공간적인 이격을 메꾸어주던 그들도 이제 폐업하게 생겼다. TV 드라마 단골 소재이던 신데렐라 남녀 스토리도 이제는 리얼리티가 떨어져 역사물의 소재로나 쓰일 전망이다.

올해 강남 3구 고교 출신 서울대 합격자는 전체 합격자의 12.5%인데 매년 비율이 오르고 있다 한다. 의대와 로스쿨에서의 비율은 더 높다. 강남의 부는 학벌의 강화를 통해 대물림을 해오고 있다. 그런데 결혼까지를 통해 배타성을 더욱 강화하겠다는 신호는 차원이 다른 얘기다. 같은 강남의 아파트에 사는 사람들은 재산 정도는 물론 사회적 조건과 취향, 문화까지도 통하는 사이가 되었다는 뜻이므로.

20년 전쯤 TV 연속극에서 뼈대와 재산을 갖춘 집을 그릴 때 그 집은 대개 가회동이나 성북동이었다. 요즘은 청담동이다. 지금의 청담동을 만든 이는 세계적인 가수 S씨의 모친이다. 셀러브리티를 포함한 인맥과 부를 동원해 그 동네를 베벌리힐스 급으로 만들었다.

자리가 잡히니 또 터를 옮겨 한적한 신사동 뒷길을 '가로수길'로 만들었다. 가로수길이 요즘 내리막이라니 다른 길로 가신 모양이다. 개발시대에는 복부인들이 부동산을 사고팔며 부를 축적했다면 이제는 문화를 자본화하여 개발이익을 창출한다.

강남의 해법은 더 많은 강남을 만든 것이라 쓴 위의 글을 아마도 거두어들여야 할 것 같다. 가족 관계로 맺어지고 문화적 공동체로까지 이어진 배타적 커뮤니티를 어떻게 복제할 수 있으랴. 이제 강남이라는 권역조차 외부화하고 특정 단지 안으로 똘똘 뭉쳐 성을 쌓는 저들을. 로마는 사회 갈등에 의해 내파되었다. 어떻게 되려나 대한민국.

'싸고 착한' 아파트, 이제는 포기할 때

이 글은 중앙일보 시론 '서울,
도로 위 아니더라도 집 지을
방법 많다'(2019.1.23)로 게재
되었음.

'도로 위에 집'…서울시 실험적 주택공급, 성공할까

고속도로 위에 조성한 독일 '슐랑켄바
더 슈트라세(Schlangenbader strasse)'
같은 건축물을 앞으로 서울에서도 볼 수
있게 될 전망이다. 서울시가 부족한 공공
임대주택을 공급하기 위해 국내 최초로
도로 위에 건물을 짓는 이색 사업을 펼친

다.… 서울시는 26일 '2차 수도권 주택공
급에 대한 세부계획'을 통해 북부간선도
로 입체화 등을 통해 총 1600가구를 공급
할 예정이라고 발표했다. (2018.12.26, 이
데일리)

서울의 단지형 아파트(좌)와
파리의 블록형 아파트(우), 평
균 용적률이 서울은 160%, 파
리는 300%인 이유다.

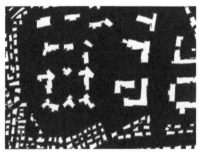

새해 첫머리부터 주택금융연구원은 우울한 전망을 내놨다. 공급 부족으로 서울 집값은 올해도 오를 것이란다. "정책효과로 상승폭은 둔화될 것"이라지만 별로 위로가 되지 않는다. 이번 정부는 신도시 없이 집값을 잡겠다고 장담했으나 결국 지난 12월 3기 신도시 계획을 발표했다.

　최근 서울시도 2022년까지 8만 가구를 짓겠다는 계획을 내놓았다. 북부간선도로 위에 인공대지를 만들고 도심의 빈 오피스 등을 활용하겠다는데 참신하다는 생각 이전에 "오죽하면"이라는 탄식이 나온다.

　정작 두려운 것은 거듭되는 옹색한 대책을 보며 "집 지을 곳이 정말 없나 보다"라고 모두가 겁먹는 상황이다. 진짜 투기와 공황은 이때 보게 될지도 모른다. 2018년 한 해 서울의 집값은 6% 상승했다. 온갖 독한 조치에도 불구하고 2008년 이후 최고를 기록했다. 과연 땅이 모자라느냐면 그것도 아니다.

　서울의 주택 평균 용적률은 160% 정도인 반면 파리는 300%, 런던은 200%다. 기왕 '콤팩트 시티'[28]를 지향할 것이면 서울은 아직 여유가 있다는 뜻이다. 그런데 기존 시가지 용적 늘림 같은 쉬운 방법을 두고 왜 도로 위까지 집을 짓겠다는 것인가.

　속사정을 이해하려면 그간의 주택공급 패러다임인 '싸고 착한 아파트'부터 살펴봐야 한다. '싸다'에는 주

28
콤팩트 시티(compact city)란 직장과 주거지 분리 방식에 따르는 도시 확산(urban sprawl)이 지닌 여러 가지 도시문제, 즉 광역교통의 증가, 자동차 의존에 따른 환경 문제 등에 대한 반성으로 나온 개념이다. 도시 중심부에 주거·상업 시설을 밀집시켜 보행으로 충분하게 만들겠다는 '압축도시'의 개념이다. 이를 위해서는 복합적이고 수직적인 토지이용, 대중교통의 활성화 등이 수반되어야 한다.

택은 공공재이므로 시세보다 낮아야 한다는 뜻이 담긴다. '착함'의 덕목은 양호한 일조, 녹지, 충분한 인동간격(이웃 건물과의 거리), 편한 교통과 주차 등이다. 그런데 '싸고 착함'은 '가난한 부자'처럼 형용모순(oxymoron)이다.

억지로 싸진 아파트의 모순은 '분양 당첨 = 로또'라는 공식이 웅변한다. 통제된 가격으로 적정 품질을 제공한 덕에 아파트가 국민 주거 안정에 크게 기여한 것은 사실이다. 싼 공급가는 아파트 공급자에 대한 각종 지원과 분양가 승인을 통해, 착한 성능은 평형은 물론 방 치수까지 촘촘히 규정한 주택건설촉진법으로 담보했다.

국가가 시장보다 힘이 셌던 시절에는 이것이 통했다. 그러나 IMF 이후 강남아파트를 필두로 가격이 가치를 반영해 급격히 오르면서 사정이 달라진다. 운 좋게 얻은 강남아파트의 큰 시세 차익은 상대적 박탈감의 원인이 된다.

반대급부는 강남에 대한 역차별이다. 용적률, 재건축 규제로 공급이 줄자 강남부터 집값이 올라 나머지 지역으로 확산한다. 경제적으로는 합리적 선택인 재개발, 재건축이 정치, 윤리 차원의 난제가 되면서 땅이 있는데도 땅이 모자라는 역설이 나타나게 된 것이다.

동원 가능한 대책과 아이디어가 모두 도돌이표 대증요법에 지나지 않는다면 이는 정책이 아닌 패러다임이 문제라는 신호다. 이제는 '싸고 착한' 주택을 일률적으로 공급하겠다는 원칙을 버릴 때다.

홍콩섬의 용적률은 1000%~1500%다. 2024년 완성될 맨해튼의 허드슨 야드 지구의 실제 용적률은 무려 3300%다. 싸지만 당연히 착하지 않다. 방은 북향이고 단지 내 녹지는 없더라도 맨해튼에 살고 싶은 사람은 이 집을 구할 것이다.

기어코 강남에 살려는 사람에게는 이런 아파트라도 필요하다. 이 같은 완화에 기대어 2014년 이후 뉴욕 집값은 연 3% 내외로 움직이고 있다.

반면 근대 이전의 도시구획 때문에 용적률 상향이 힘들고 규제가 엄한 런던의 집값은 1997년 대비 366.2%, 2009년 이후에만 92.5%가 뛰었다.

패러다임의 전환은 밀도의 완화만으로는 부족하다. 국가공급시대의 유산인 법과 행정이 더 문제다. 한국에서는 북향집, 조경 없는 단지는 고사하고 박 시장이 이번 발표에서 본으로 삼은 네덜란드의 '큐브하우스'나 싱가포르의 '인터레이스'와 같은 창의적, 혁신적 아파트조차 불가능하다. 착함을 강요하는 규정이 모든 것을 틀어막고 있기 때문이다. 우리 법규대로 그리면 아파트 설계는 저절로 나온다는 얘기는 농담 같은 진실이다.[29]

1933년 취임 다음날 프랭클린 루스벨트 대통령은 은행 휴업명령을 내린다. 라디오 연설을 통해 현금을 쟁여놓는 것은 '시대에 뒤떨어진 취미'라며 국민을 설득했다. 유명한 첫 '노변정담'이다. 3일 뒤 은행이 열리자 미국인들은 긴 줄을 서가며 다시 예금을 한다. 위기를

29
개발시대에는 아파트에 대한 최소한의 품질 규정이 필요했다. 중산층이 단독주택을 버리고 이주할 만큼의 매력이 있어야 했기 때문이다. 평형의 제한, 동간 이격 거리, 단지 내 조경과 주차, 부대시설 등의 의무 규정은 이를 위함이다. 시시콜콜하게 이를 규정한 주택건설 촉진법은 2003년 폐지되고 주택법으로 바뀌었으나 아파트가 최애주택이 된 지금도 주요 규정은 그대로다.

헤쳐 나오게 한 것은 전지적 참견이 아니라 위대한 소통이었음을 알게 하는 사례다.

지금 서울 집값 안정에 필요한 것도 이런 리더십 아닐까? "싸고 착한 아파트는 더 이상 없다. 이를 받아들이면 서울에 아직 집 지을 공간은 충분하다. 부피 늘림에 따른 사회적 갈등과 지난 시대의 질긴 관성을 극복하는 것은 우리 모두의 과제다." 이런 불편한 진실에 정면 대응하며 국민을 설득하는 용기 있는 지도자를 보고 싶다.

결국 도로 덮개 공원

서울시가 중랑구 신내동 북부간선도로 위에 인공대지를 조성해 주택을 공급하는 '북부간선도로 입체화 사업' 설계를 대폭 수정하기로 했다. 인공대지에는 공원을 조성해 건축물의 하중을 덜고, 지반 안정성이 높은 남쪽 대지에 모듈러 주택 대신 아파트를 조성할 계획이다. 원룸형 임대주택 대신 중형 면적을 넣고 공공분양과 임대주택을 함께 공급하기로 했다. (2024.2.13, 한국경제)

결국 도로 덮어 공원 만드는 사업이 되고 말았다. 서울시 관계자는 "간선 도로 위에 입체 공원을 짓는 경우는 있었지만, 공공임대 아파트를 같이 짓는 것은 이번이 처음"이라고 한다. 도로 위에 아파트를 올릴 수 없게 되어 울며 겨자 먹기로 공원을 만들었으면서 마치 대단한 혁신인 양 말하고 있다.

고층 아파트의 하중을 견딜만한 지반인지도 검토하지 않고 생색을 낸 후 "이게 아닌가벼", 꼬리 감추기 행정의 전형이다. 일종의 기피시설이 된 임대주택을 위한 택지를 구하기 힘들어 도로 위까지를 생각한 충정은 이해하겠다. 그러나 이런 식이 답이었을까?

서울시는 2023년 10월, 20년 이상의 임대주택을 짓는 경우 20%의 용적률 인센티브를 부여하는 안을 공포했다. 민간의 장기임대를 유도하기에는 부족하다 보지만 드디어 용적률 상향으로 땅을 찾기 시작했다는 점에서 전향적인 조치다.

더 획기적 조치들이 나와야 함은 물론 높은 용적률임에도 주거환경의 품질이 유지되게 하려면 창의적인 아이디어를 훼방하는 전 시대의 이상한 규정들 또한 철폐되어야 한다.

네덜란드는 세계 건축계에서 알아주는 디자인 강국이다. OMA, MVRDV, UNstudio 등 쟁쟁한 건축가를 배출한 나라다. 그 파워의 원천은 공공 임대주택이다. 네덜란드는 국토의 40%가 매립지다. 이곳에서 국가가 공급할 수 있는 주택 수가 많기에 공공임대 비율도 40%로 높다.

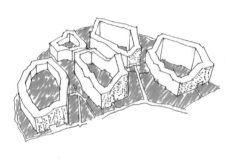

동시에 국가는 이 임대주택 설계 경기를 젊은 건축가들의 등단 기회이자 실험적인 건축의 경연장으로 활용한다. 임대이기에 가능한 면도 있고 네덜란드 특유의 모험 정신의 발로이기도 하다. 이런 기회로 갈고닦은 기량으로 네덜란드 건축은 창의적이고 실용적인 건축의 대명사가 되었다.

2011년 네덜란드 건축가 프리츠 반 동겐(Frits van Dongen)과 필자가 협업하여 설계한 세곡동 보금자리 주택, 그는 네덜란드의 국가건축가에 위촉되었다.

우리도 이렇게 할 수 있는데 LH나 SH의 관심사는 오로지 건설비다. 싸게 하려니 하던 방식대로의 대량생산 방식일 수밖에 없고 민간의 혁신 디자인을 못 이긴다. 이런 악순환을 통해 임대주택이 기피의 대상이 된 것이다. 도로 위에 짓는다고 혁신이 아니다.

성냥갑 아파트가 어때서

이 글은 중앙일보 시론 '성냥갑 아파트 탓하며 '무늬만 건축 혁명' 하려나'(2019.4.18)로 게재되었음.

서울 아파트 정비에 '사전 공공기획' 도입…"성냥갑 디자인 혁신"

서울시가 아파트 정비사업과 건축 디자인 혁신을 양대 축으로 하는 '도시·건축 혁신안'을 12일 내놨다. 아파트 정비계획 수립 단계부터 공공이 관여해 고립된 섬처럼 천편일률적인 '아파트 공화국'에서 탈피, 자취를 감춘 서울 경관과 공동체를 회복한다는 목표를 담았다.

서울시는 '도시계획 혁명'이라고 의미를 부여했다.… 아파트 정비사업 초기단계에 '사전 공공기획'을 도입해 정비사업 가이드라인을 마련한다.… 아울러 서울시는 성냥갑 같은 획일적인 아파트에서 벗어나 다양하고 창의적인 건축 디자인을 유도하기 위해 '현상설계'를 적용하고, 연면적 20% 이상이 특화된 디자인으로 설계되게끔 할 계획이다. (2019.3.12, 경향신문)

거대한 성냥갑 아모레퍼시픽 사옥

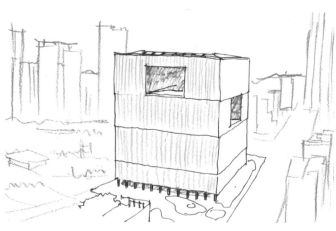

은마 아파트에 이어 잠실 주공 5단지 아파트 주민들이 서울시청 광장에 몰려나왔다. 이들은 서울시 요구대로 국제공모를 했음에도 재건축 심의를 지연시키는 '행정 갑질'을 규탄했다. 지난달 시가 내놓은 '도시·건축 혁신방안'이 우스워졌다. 재건축·재개발 인허가 절차 개선과 아파트 디자인 수준 향상이라는 두 마리 토끼를 잡겠다고 했기 때문이다.

결론부터 말하자면 프로세스 혁신은 진작 했어야 할 일이었고 디자인 개입은 앞으로도 하지 말아야 할 일이다. 일반 건축물과 달리 아파트는 법 재량주의가 적용돼 사업 승인권자가 공공성을 위해 여러 요구를 할 수 있다. 이는 고약하기로 소문난 각종 심의에 의해 담보된다.

수많은 분야에서 각기 내는 목소리를 담는 과정에서 많은 비용과 시간이 든다. 뒤늦게나마 싱가포르의 재개발청(URA)[30] 같은 기구를 통해 사전기획 및 모든 과정을 공공이 책임지겠다니 기대해 본다.

그러나 디자인은 아니다. 서울시는 "성냥갑 같은 획일적인 아파트를 벗어나 다양한 경관을 창출하겠다."고 했지만 바로 그 전제부터가 얼토당토않다. 성냥갑이 왜 문제이고 왜 도시는 다채로워야 하는가. 이에 대해 깊은 성찰 없이 나온 상투적인 진단이자 처방이다.

지난해 준공한 아모레퍼시픽 신사옥은 엄청난 크기의 성냥갑 건물이다. 그런데도 최근 서울 풍경을 바꾼 최고 건물로 선정되었고 박원순 서울시장은 "세계적 건축가

30
싱가포르의 도시재개발청(URA, Urban Regeneration Authority)은 싱가포르의 중장기적인 도시의 비전 아래 도시계획 방향을 구상하며 각종 개발계획을 평가, 승인하는 역할 및 국유 토지의 판매 및 리스까지 책임진다. 직원 1000여 명 중 40%가 도시계획 및 건축 전문가들로서 직접 계획안을 만들거나 공공기획을 한다. 반면 우리 공무원들은 제출된 개발계획을 심의에 상정하는 등의 행정업무하기도 바쁘다.

데이비드 치퍼필드가 지은 용산의 아모레퍼시픽 사옥 같은 명소가 곳곳에 들어서야 한다.”라며 칭찬했다.

요즘 시중에는 외관만 그럴듯할 뿐인 타워형 아파트보다 채광과 맞통풍이 잘 되는 성냥갑 아파트가 더 인기다. 성냥갑(판상)형의 경쟁률이 훨씬 높고 시세 차이도 크다.

아파트는 20세기 초 도시 인구 폭발에 대응해 탄생한 근대건축의 발명품이다. 아파트를 미니멀한 박스로 지어온 것은 대량생산의 용이성과 더불어 한편으로는 장식 배제, 기능주의의 모더니즘 미학 때문이다. 한국에서도 병영 같은 한강 변 아파트 단지는 서울 주택문제의 해결사이자 근대적 삶의 상징이었다.

그런데 언제부턴가 이들이 도시경관의 주적으로 취급된다. 시기적으로는 다품종 소량생산의 포스트 포디즘이 시작되는 1980년대부터다. 따분하고 금욕적인 모더니즘을 대체할 이른바 포스트모더니즘 건축 미학의 등장과 맞물린다. 한국에서는 분양가 자율화가 이뤄진 1990년대부터 다품종 아파트들이 생겨난다. 강남 타워팰리스를 비롯한 주상복합 아파트들이 대표적이다.[31]

31
1960년대부터 시작된 포스트모더니즘 도시건축 이론은 우리나라에서 1980년대 주목받는 담론이 된다. 민족주의적 경향과 결합된 모양만 목조건축인 ‘독립기념관’ 등이 대표적 사례다. 비판자들은 이 경향이 의도적 진부화를 통한 상품 - 화폐 회전율을 제고시키려는 후기 자본주의의 전략으로 이해한다.(프레드릭 제임슨 , 데이비드 하비 등) 우리나라에서 아파트의 상품화가 가속되었던 1990년대에 주상복합 아파트를 선두로 하여 아파트 외관에 장식이 급증하게 된 것은 이와 무관하지 않다 .

아모레퍼시픽 사옥 같은 건축 경향을 미니멀리즘 또는 네오모던이라고 한다 . 레이트모던 - 포스트모던을 거쳐 백 년 만에 다시 원점으로 회귀한 것이다 . 소비자들도 외관과 상징성 대신 실용적이고 거주환경이 좋은 성냥갑 아파트로 복귀하고 있다 . 양복 깃이 유행 따라

넓어지고 좁아지듯 건축 역시 그렇다. 관청 소관이 아니라는 얘기다.

다양함 또한 공공에서 호불호를 논할 주제가 아니다. 극단적으로 다채로운 도시인 놀이동산, 키치 건축의 전형인 예식장과 모텔을 보면서 예쁘다고 할 사람도 있지만, 미학적 불쾌감을 느낄 수도 있다. 정작 우리네 아파트의 진짜 문제는 성냥갑 형태나 다양함 부족이 아니라 오히려 담과 녹지에 의해 섬처럼 고립된 데 있다.

19세기 파리 대개조 때 시장 오스만은 대로를 내고 연도에 아파트를 세우면서 높이와 건축 양식까지 통일해 획일적으로 지었다. 그런데도 파리는 다채롭다. 집이 길과 접해있어 다양한 삶의 행위들이 끊임없이 풍경이 되기 때문이다.

기왕 '도시계획 혁명'이라는 거창한 구호를 내걸었으면 단지형 대신 가로형 아파트로 패러다임을 전환하겠다고 선언했으면 어땠을까.[32] 개발시대의 유령인 아파트 단지의 담조차 극복 못 하면서 애꿎은 성냥갑 스타일만 탓하는 '무늬만 혁명'이 안쓰럽다.

32
단지형 아파트는 단지 내 녹지, 주차장, 부대시설이 모두 분양가에 포함된 '그들 재산'이다. 폐쇄적일 수밖에 없다. 국가가 조성했어야 할 주거 SOC를 수요자에게 넘긴 셈이다. 구미의 시가지 아파트들은 모두 도시 가로와 직접 접한 가로형 아파트다. 공공이 단지에 준하는 주거 부대시설을 시가지에 건설해야 가능한 일이다. 다채로운 도시를 얻기 위한 혁명이라면 이 정도는 해야 되는 것 아닌가?

품격있는 디자인은 형용사로 표현되지 않는다

오세훈 서울시장은 서울시청에서 기자 간담회를 열고 '도시·건축 디자인 혁신방안'을 발표했다. 불합리한 규제 개혁과 행정지원 등 개선 방향을 마련하고 다양한 디자인의 상징성 있는 건축물을 지원한다는 게 주요 골자다. '선 디자인, 후 사업계획' 방식을 도입하고, 창의적 디자인 건축물의 사업추진 필요성이 인정되면 용적률 120% 상향 등 파격 인센티브를 제공한다고 밝혔다. (2023.2.9, 뉴시스, 뉴스1)

'도시·건축 혁신방안'에 '디자인'만 추가한 오세훈표 혁신방안이 나왔다. 마찬가지로 박원순표인 '사전공공기획제도'도 '신속통합기획제도'로 이름만 바뀌었을 뿐 내용은 그대로인데 새 시장은 새 이름이 굳이 필요한 모양이다. 새 혁신방안이라 하여 크게 달라진 바 없다. 여전히 디자인에 공공이 참견하겠다는 것이고 여러 가지 제도와 인센티브 등으로 유도하겠다는 얘기다.

다만 몇 가지 전향적인 조치는 높이 평가할 만하다. 서울형 용도지역제 '비욘드 조닝(Beyond Zoning)' 같은 제도다. 이는 용도 도입에 자율성을 부여하고 복합적인 기능 배치를 가능하게 하는 제도로 싱가포르에서는 백색지역(white zone)제로 시행 중이다.

기획 디자인 공모를 실시하여 창의적 디자인과 콘텐츠를 우선 적으로 확정 후 사업계획을 수립하고, 적정 공사비는 후에 책정한다는 방식도 기대된다. 그간 공공건축은 돈에 맞추는 설계를 강요했다면 이를 벗어나게 된다면 좋은 일이다.

반면 '한층 더' 예쁜 집 만들기 프로젝트'로 디자인을 특화하겠다는 식의 발상은 우려스럽다. 디자인은 좋거나 나쁘거나다. 그리고 그것은 전문가들이 판단하는 영역이다. 예뻐서 경박해 보일 수도 있고 '특'설렁탕이 부담스러울 수도 있다. 건축 디자인이란 최고 건축전문가들이 심사에 참여하는 건축설계 현상공모에서조차 매번 논란이 많은 분야다. 그만큼 건축 디자인에 대한 평가는 어렵고 자의적이기까지 하다.

오 시장은 자신의 업적인 동대문 DDP를 염두에 두고 자꾸 '창의적인', '혁신적인'이라는 표현을 쓰는 것 같은데 경우에 따라서는 아모레퍼시픽 사옥처럼 일견 덜 혁신적으로 보이는 건축이 맞을 경우도 있다.

오히려 단체장이 디자인 취향을 암시하면 그것이 암묵적인 가이드 라인이 되어 진짜 창의적이고 좋은 디자인이 채택되지 않는다. 행안부 세종청사, 청주시 청사를 비롯해 많은 지자체의 공공건축에서 그런 일이 벌어졌다.

품격있는 디자인은 형용사로 표현되지 않는다. 서울의 디자인 품격을 높이기 위해 오히려 필요한 것은 서울이 지향하는 가치와 철학을 제대로 제시하는 것이다. 그러면 훌륭한 건축가들이 그것을 좋은 디자인으로 구현해 줄 것이다.

동시에 그런 건축가들이 뽑힐 수 있도록 제대로 된 공모 및 발주 시스템을 갖추는 노력이 뒤따라야 함은 물론이다.

용적률을 높여 그린 네트워크를 만들자

이 글은 중앙일보 시론 '용적률을 높여 서울 도시 구조 확 바꾸자'(2020.7.23)로 게재되었음.

당정 "그린벨트 해제까지 포함해 주택공급 논의"

더불어민주당과 정부는 15일 실수요자 등을 대상으로 한 주택 공급 확대를 위해 개발제한구역(그린벨트) 해제 문제를 포함한 장기적 대책을 범정부 태스크포스(TF) 차원에서 논의하기로 했다…정부는 7·10 대책을 발표하면서 수도권 주택공급 확대방안의 유형을 제시했으나 충분치 못하다는 반응이 많다.… 고 박원순 시장은 정부의 그린벨트 해제 요청을 받을 때마다 "그린벨트는 미래세대에 물려줘야 할 유산"이라고 언급하며 완강히 거부했다. (2020.7.15, 매일경제, 세계일보)

파리의 Promenade plantée (나무가 있는 산책로) 계획과 코펜하겐의 Finger Plan

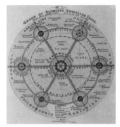

전원도시 다이어그램
(Ebenezer Howard, 1920), 위
성도시로의 분산과 광역교통의
도입

33
그린벨트의 시작은 16세기 영국 엘리자베스 1세가 흑사병의 확산을 저지하기 위해 런던 경계를 따라 3마일 폭의 숲을 만든 것에서부터다. 1902년 하워드의 전원도시 또한 외곽이 녹지로 감싸는 형식이었다. 그린벨트라는 공식적인 이름이 등장하는 것은 1943년 도시계획가 패트릭 아버크롬비가 수립한 '대런던 계획(the Great London Plan)'에서다. 이후 많은나라들이 무분별한 도시 팽창과 개발을 저지하기 위해 이를 채택했으며 우리나라 또한 1971년에 '개발제한구역'이라는 이름으로 도입한다.

그린벨트 해제를 포함해 서울 집값 잡기에 온갖 방책이 거론되고 있다. "그래도 떨어지지 않을 것"이라는 모여당 의원의 방백(傍白)은 듣기엔 거북하지만 '냉엄한 현실 인식'이다. 작년 말로 수도권 인구는 급기야 전체의 절반을 넘었다. 한편 인구감소, 저성장 국면에서는 '한국형 뉴딜'이 가리키듯 지식기반형 경제에 기댈 수밖에 없다. 모든 지식이 모인 수도권으로의 쏠림은 필연이다. 이번 정부의 부동산 정책이 거듭 실패하는 이유는 이 근본 모순을 애써 무시하고 있기 때문이다.

100년 전 유럽이 이랬다. 산업혁명으로 도시에 몰려든 노동자들의 주택문제로 사회 갈등이 폭발 직전이었다. 대강 두 가지 해결방안이 제시되었다. 하워드가 제안한 '전원도시' 이론은 광역교통으로 연결된 교외에 주택지를 짓는 것이었다. 르 코르뷔지에, 힐버자이머 등은 도심 고층 주거를 통한 '수직 도시' 이론을 내놨다. 영국에서는 이때 그린벨트가 도심과 외곽 도시들을 완충하며 도시 확산을 저지하는 역할을 했다.[33]

르 코르뷔지에는 1923년 저서에서 '건축 혹은 혁명' 중 하나를 택할 상황이라 부르짖었다. 실제로 서유럽의 계급혁명은 임대주택 대량공급 같은 수정자본주의 정책과 때마침 등장한 철도, 자동차, 고층 철건축 같은 테크놀로지에 의해 회피될 수 있었다.

서울의 집값 문제도 이제는 대증요법이 아닌 혁명적

발상 전환으로 풀어야 할 시기다. 이를 위해 이 시대 테크놀로지가 도시와 공간을 어떻게 바꾸고 어떤 기회를 줄 것인지 살펴볼 필요가 있다.

거까운 미래에 도심/교외, 집/사무실, 공장/농장 등의 구분은 없어질 것이다. 미래학자 웬디 슐츠는 "모든 것을 프린팅해서 쓰고(3D printing), 모든 것이 연결되고(network), 경계가 사라지며(blur), 집 하나가 나라(micro-state)가 되는 세상"이 온다고 말한다. 실제로 MIT에서는 식품 프린터를 개발했고 싱가포르, 네덜란드, 노르웨이 정부는 동물 없이 고기를 얻는 배양육 생산을 준비 중이다. 왕년의 공업 도시 디트로이트, 피츠버그는 도시농업이 주산업이 되고 있다.[34]

또한 최근 SK가 시도했듯 지역거점 오피스가 중심업무지구를 대신하고 주택이 사무실이자 공장이 될 것이다. 이에 교통과 공급에 필요한 인프라는 대폭 줄어들 터이다. 에너지와 오·폐기물 처리가 자체 해결되고 사람과 물류의 이동이 줄거나 공중으로 가면 도로와 주차장을 녹지나 생태습지로 바꾸는 것도 가능하다.

이렇게 저이동형, 자족형 도시 구조가 되면 도시기반시설 용량에 의해 결정되는 상한 용적률에 여유가 생긴다. 굳이 높이 짓지 않고 파리처럼 저층 블록형 아파트로 해도 250%는 나온다. 현재 서울 평균이 160%이니

34
2020년 11월 싱가포르에서는 세계 처음으로 배양육이 식품 승인을 받았다. 식량 수요의 90%를 해외에 의존하는 싱가포르는 2030년까지 식량자급 비율을 30%로 끌어올리고자 한다. 대체육뿐 아니라 수직농장 기술 개발도 적극 지원하고 있다. 바야흐로 농장과 목장도 건축화되는 시대다. 스마트 농업 기반의 수직농장이 도시 곳곳에 들어서면 운송에 드는 에너지도 절감될뿐더러 신선한 식재료의 빠른 공급도 가능하다. 도시농업이 활발하게 진행 중인 곳 중 하나는 한때 미국 4대 도시 중 하나였던 디트로이트다. 300만이나 되던 인구가 90만으로 급격히 줄었지만 근간 빈 집터에 농사를 지으며 활기를 되찾고 있다.

분당 10개 정도의 100만 호가 더 생길 수 있다.

여기서 나오는 개발이익을 현금이 아닌 토지로 환수하고 이를 도시 구조 재편에 사용해야 한다. 먼저 그린벨트를 그린 네트워크로 바꾸어야 한다. 지도상의 녹지에서 일상에서 만져지는 녹지로의 전환이다. 서울의 1인당 공원면적은 뉴욕, 싱가포르와 비슷하고 파리, 도쿄보다 크지만 알고 보면 북한산국립공원 등의 외곽 산림공원이 포함되어서다. 반면 녹지 접근성을 뜻하는 생활권별 녹지 순위는 1인당 지방세 부담액과 거의 일치한다. 못사는 동네일수록 공원녹지도 적다는 뜻이다.[35]

35
생활권별 녹지 순위는 1인당 지방세 부담액과 거의 일치한다. 종로구가 16.2㎡인데 반해 금천구는 0.89㎡에 불과하다. 병원 수 역시 강남구가 2619개인데 도봉구는 364개다. 못사는 동네일수록 공원녹지와 병원도 적다는 뜻이다.

코펜하겐은 핑거플랜(Finger Plan)이라는 전략 아래 도심인 손바닥에서 뻗어 나가는 손가락을 따라 교외도시를 만들고 손가락 사이에는 공원녹지를 배치하는 방식으로 도시를 재편하고 있다. 서울도 이런 담대하고 장기적인 플랜을 세우고 도시 구조를 바꾸어야 한다.

아파트 천지인 세종시의 출산율은 1.57명, 꼴찌 서울은 0.76명이다. 왜 아니겠는가? 애 키우기 좋고 집값이 싸서이다. 남루한 골목길과 낡은 노포를 보존하는 위선적인 도시재생 말고 집집마다 애들이 시끄럽게 울어대는 서울로 바꾸라.

회색과 녹색을 같이 늘리는 방법

정부가 지역경제 활성화를 위해 비수도권 개발제한구역(그린벨트)을 폭넓게 해제하도록 허용한다. 그린벨트 해제 기준이 20년 만에 개선되어 원칙적으로 개발이 불가능했던 환경평가 1~2등급지가 요건을 갖추면 해제를 허용한다. 농지에 수직농장을 설치하도록 허용하는 것을 포함한 농지 규제 개선 방안도 함께 추진한다. (2024.2.21, 한국경제)

비수도권에서는 금번 그린벨트 해제 기준을 완화하여 해제가 대폭적으로 늘어날 전망이다. 눈치를 보던 서울시도 2024년 3월 개발제한구역 제도와 지정 현황을 검토하기 위한 용역을 발주했다.

도시공간에 대한 새로운 기준을 모색하기 위함이라지만 해제를 위한 사전 정지 작업으로 보인다. 목적은 당연하게도 택지 확보. 근간의 공사비 상승 등에 의해 주춤한 정비사업 등을 대체하여 주택 공급량을 확보하려니 그린벨트 해제 이외에는 대안이 없어 보인다.

그린벨트는 정부로서는 거저먹다시피 할 수 있는 택지다. 땅값을 묶어 놓았기 때문이다. 일산, 분당, 판교, 세곡, 내곡, 위례 등 역대 정부는 주택난 때마다 곶감 빼먹듯 해제해 택지를 조성했다. 국가가 앞장서서 사유재산권을 훼손하고 만대에 물려줄 녹지를 침탈한 부끄러운 역사다. 녹지의 확충은커녕 있는 것도 파괴하는 지금의 방향 역시 잘못된 것이다.

도심 주택 부족의 문제는 용적률 상향 이외의 그 어떤 방법도 불가

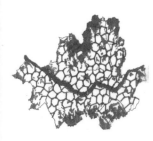

서울도 지붕 녹화로 녹지 네트
워크를 만들 수 있지 않을까?

능하다는 것을 인정하고 하루라도 빨리 시민적 동의를 얻어야 한다.

회색만 늘어나는 것에 동의할 국민은 없다. 녹색도 같이 늘릴 방도를 찾아야 한다. 다행히 몇 가지 단서가 있다. 이번 조치에도 등장한 수직농장이다. 여기서는 농지에만 국한했는데 이를 도심에도 들여올 수 있다.

실제로 파리는 시내에 10만 평 농장을 만드는 프로젝트를 시작했다. 대형 건물 옥상과 공터 등 시내 33곳에 도시농장과 녹색공원을 세워 연간 500톤의 식용 작물을 생산하겠다는 안 이달고 시장의 '파리 농부(Parisculteur) 캠페인'이다. 파리의 식량 자급률을 제고 하고 도시 녹색도 늘리는 일거양득 기획이다.

파리 뿐 아니다. 벨기에, 네덜란드, 영국, 미국 각지에 선도적 수직·지붕 농장이 들어서고 있다. 우리나라의 고리타분한 위정자들만 농사는 농지에서만 짓는 줄 안다.

저들의 상상력을 배우라. 그리고 용적률과 도심 녹색을 교환하자고 국민을 설득하라.

서울 주택문제 중층 중밀도가 답이다

이 글은 중앙일보 시론 "서울 다세대·다가구를 중층·중밀도로 개발하자"(2020.12.2)로 게재되었음.

"서민은 모텔 살라는 거냐"···당정 전세 대책에 민심 '부글부글'

정부가 19일 발표하는 전세 대책에 도심 호텔을 개조해 공공 임대주택으로 공급하는 방안이 담길 것으로 알려지면서 벌써부터 실효성 논란이 제기되고 있다. "무주택 서민은 모텔에 살라는 거냐" 등의 비판 여론이 높아지자 여당은 "여러 대책 중 하나"라며 수습에 나섰다.(2020.11.18, 동아일보)

다세대 임대주택 본 진선미 "내 아파트와 전혀 차이 없다"

정부가 최악의 전세난을 해결하기 위해 향후 2년간 공공임대 11만 4100가구를 공급하기로 한 가운데 진선미 더불어민주당 미래주거 추진단장이 "아파트에 대한 환상을 버리면 임대주택으로도 주거의 질을 마련할 수 있겠다는 확신이 생겼다"고 밝혔다. (2020.11.20, 국민일보)

파리 시장 이달고는 노상 주차장을 없애고 도시 녹지 가로를 만들고 있다.

전세대란을 해결하겠다는 정부와 여당의 대책이 연일 비판과 비웃음거리가 되고 있다. 서울 시내 호텔을 인수해 임대주택을 공급하겠다고 하니 평생 '호캉스'하라는 얘기냐는 조롱이 쏟아지고 다세대 임대주택도 살만하다고 한 여당의 미래주거 추진단장은 졸지에 '진트와네트' 왕비가 되고 말았다.

뒤늦게 호텔 전세는 청년임대주택 공급 대책일 뿐이고 언론을 거치면서 본뜻이 잘못 전달되었다며 변명을 하고 있지만 성난 민심을 돌이키기에는 역부족인 듯하다.

대책의 실효성 여부를 따지기 이전에 이번 일로 다시금 확인한 것은 우리 사회의 그지없는 아파트에 대한 열망이다. 다세대에 아무리 방이 많아도, 아무리 위치가 좋은 호텔이라도 그것은 '집'이 아닌 것이다.

집은 '살기 위한 기계'이기 이전에 사는 사람의 '정체성'이다. 부르디외식으로 말하자면 아파트는 이 시대 한국 사람들의 '상징자본'이다.[36] 이러한 문화적 관성을 무시하고 정책과 발언을 펼치니 매를 번다.

사실 호텔 임대주택 정책 입안자들은 억울할 수도 있다. 다른 나라에서는 흔한 일이기 때문이다. 올 6월 연임에 성공한 프랑스 파리 시장 이달고의 향후 6년간의 시정 플랜인 '파리를 위한 선언(Le manifeste pour Paris)'에도 들어있다.

코로나로 어려움을 겪고 있는 공유호텔 에어비앤비를 사들여 저렴한 비용으로 월세 임대를 하기로 했다. 200억 유로(약 26조 원)가 투여될 계획이다. 더욱이 사회임대주택도 건설이 아니라 기존의 사무실이

36
'집은 살기 위한 기계'라는 아포리즘은 근대건축의 거장 르코르뷔지에가 기계를 디자인하는 것처럼 주택 역시 문제점을 분명하게 파악하고 합리적으로 디자인해야 한다는 뜻으로 말한 것이다. 피에르 부르디외는 자본을 넷으로 나누어 었다. '경제자본', '문화자본', '사회자본'과 이 셋을 가진 자들이 얻는 신용, 명예, 평판, 위신, 인정 등을 일컫는 '상징자본'이 그것이다.

나 주거 건물을 사들여 리모델링하는 것을 원칙으로 하고 있다.

프랑스에서는 환영받는 정책이 왜 우리나라에서는 비난받을까? 역설적이게도 그들의 아파트는 우리처럼 '최애 상품'이 아니기 때문이다. 18세기부터 지어진 파리 시내의 아파트는 중층 고밀의 연도형 아파트다. 반면 우리는 중산층이 늘어난 70~80년대에 신시가지를 중심으로 고층 고밀인 단지형 아파트를 급속도로 공급했다.

낮은 건폐율 덕에 일조, 조망도 더 좋고 입주자 부담이기는 하지만 단지 내에 녹지, 주차장, 유치원도 갖추고 있다. 더구나 모든 금융 및 거래 제도가 아파트에 최적화되어있다. 좋은 학군과 브랜드는 프리미엄.

다세대, 다가구 주택은 이 과정에서 철저히 소외된 도시주거 형태다. 기존 단독주택지의 열악한 인프라를 그대로 이어받은 채 부피 늘림만 했으니 환경은 더 나빠졌고 자산가치도 환금성도 아파트와는 비교 불가다.

말하자면 중간급으로 평준화된 파리에 비해 우리 도시주거는 천상의 아파트와 그 나머지로 양극화되어 있는 것이다. 이런 상황임에도 아파트에 대한 환상을 버리라 훈계하고 방 개수만 따져 다세대도 좋다고 하니 "지적으로 게으르다"는 얄밉기는 해도 뼈 때리는 비판을 듣는 것이다.

서울의 주택문제는 이 양극화에 대한 고민으로부터 출발해야 한다. 단지형 아파트를 반복 생산하는 재개발, 재건축만으로는 한계가 있다. 언뜻 생각하면 고층 아파트가 즐비한 서울의 평균 용적률은 저층 아파트로 채워진 파리보다 높을 것 같지만 실은 오히려 한참 낮다.

소공원 하나 없이 빽빽이 들어찼으면서도 저층인 기성 주거지가 평균값을 낮추기 때문이다. 이곳을 중층, 중밀도 주거지역으로 바꿔야 한다. 공원, 주차장, 공공시설을 지을 여지가 생기고 아파트에 대한 욕구 또한 충족시킬 수 있다.

'가로주택 정비사업(미니 재개발)'이라는 관련 제도도 이미 갖추어져 있으나 지지부진이다. 단지형 아파트가 가지는 장점을 상쇄할 만한 기반시설 등에 대한 공공의 지원이 없다 보니 소비자도 산업 생태계도 생기지 않는다.

파리 시장 이달고는 파리 전역의 차량 주행속도를 30km/h로 제한함과 동시에 주차장을 절반으로 줄이고 17만 그루의 나무를 심어 도시 전체를 정원으로 만들겠다는 공약도 내세웠다.[37] 이달고 같았으면 호텔이나 다세대 주택을 그러모으는 애처로운 노력 대신 저층 주거지를 화끈하게 바꿀 대담한 정책을 내지 않았을까?

37
시내 전역 30km로 자동차 속도제한, 노상주차장을 없애고 자전거도로·보도·녹도 조성 등의 정책으로 파리 시장 이달고는 운전자들로부터 '마녀'라는 별칭까지 얻었음에도 2020년 6월 연임에 성공한다. 지난 서울 시장 선거에서 민주당 후보가 내세운 '21분 도시' 공약도 사실 이달고의 '15분 도시'를 차용한 것이다. 차를 없애는 대신 자전거 15분 거리 내에 모든 쇼핑, 병원, 공공시설 등 도시 편의시설을 집중시키는 프로젝트다. 그녀는 이외에도 초고층 개발 백지화, 기존주택 매입으로 사회주택 비율 25%까지 확대, 콘크리트 면적만큼 녹색 공간 조성, 도시농업으로 식량 자급화 등 담대하고도 혁명적인 정책을 내놓고 실천한다. 그도 그를 다시 뽑은 파리 시민도 대단하다.

지금은

다세대인데 아파트인 가로주택

"또 죽었습니다. 벌써 8명입니다. 집권 여당이 특별법 개정 요구에 귀 닫고 있는 동안 벌어진 일입니다. 대체 정부란 건 왜 있는 겁니까?" 7일 정태운 전 세사기·깡통전세 피해 대구대책위원장이 한겨레와 한 통화에서 울분에 찬 목소리로 쏟아낸 말이다. (2024.5.8, 한겨레신문)

2023년은 '전세사기'로 얼룩진 한 해였다. 전셋값 부풀리기, 의도적인 깡통전세, 돌려막기, 근저당 설정, 세금 압류 등 다양한 수법으로 서민들의 피눈물을 뽑았다. 2024년 2월 현재 전세사기 피해자로 공식 인정된 것이 1만 2928건이다. 그렇지 않아도 아파트 갈 형편이 못 되어 설움을 받던 서민들은 이제 더 이상 빌라, 오피스텔, 다가구 주택에 전세로 들어가지 않으려 한다. 국민의 저축과 자산을 주택 공급 수단으로 써왔던 부끄러운 나라의 민낯이 드러난 것이다.

한편 재개발, 재건축에 비해 빠른 사업추진이 가능해서 새로운 대안으로 등장한 가로주택 정비사업은 다행히 활성화되고 있다. 이 방식으로 추진되는 조합의 숫자는 2015년 3개에서 2022년에는 234개로 증가했고 공급량 또한 144호에서 35,031호로 급격하게 늘었다. 그간 정부가 여러 규제를 완화하는 한편 사업 집중 지역에 국가 기반시설에 대한 공급을 시작하고 서울시가 '모아주택'에 대한 층수 제한을 완화키로 하는 등, 여러 지원책 덕분이다.

가로형 아파트는 대단위 재개발사업에 비해 빠르다는 것 말고도

III

도시 블록 단위로 개발하는 가로주택 정비사업은 거의 유일한 현실적 대안이다.

중요한 장점을 지닌다. 단지형 아파트는 자기 완결적인 주거환경을 가지고 있지만 도시 가로와 격리된 채 있어 도시 생활의 참맛인 거리 문화와 분리된 삶을 살 수밖에 없다. 반면 가로형은 다르다. 구미의 시가지 아파트들은 거의 가로형이다. 그리하여 단지형에서는 얻기 힘든 공동체 의식 회복과 거리 활성화도 기대할 수 있다.

당초 단독주택지였던 저층 주거지는 도시 인프라 확충 없이 다세대, 다가구 주택으로 부피만 늘어나 주거환경이 극도로 나빠져 있다. 가로형 주택이 이를 대체한다면 과거 단독주택지가 가졌던 공동체 친화적 도시 구조를 회복함과 동시에 지금보다는 나아진 주거환경을 얻게 되는 효과를 가진다.

여전히 사업성이 재개발보다 못하고 주민 공동시설 등이 단지형 아파트보다 상대적으로 못한 것이 문제다. 정부의 더 파격적인 지원책과 도시 내 생활 SOC(국민생활 편익 증진시설) 건설에 과감한 투자가 필요하다.

단지형 아파트를 해체하라

1. 아파트: '총자본'이자 '상징자본'

경기도 용인시 고매동 '우림홀인원아파트'는 단지를 통과하는 차량으로부터 100미터도 안 되는 구간에서 3,000원을 받고 있다. 서울 성북구 돈암동 한신·한진아파트는 2천 원씩 징수하다 구청의 행정명령을 받고 잠정 중단하고 있다. 중지 이유는 단지 내 유료 통행에 필요한 사전 협의가 없었기 때문인데 아파트 측은 절차를 밟아 곧 강행하겠다 한다.

이 단지는 돈암동 전체의 6분의 1에 달할 만큼 크고 유치원과 스포츠센터가 있으며 초·중·고를 끼고 있어 주변 주민의 통행량이 많을 수밖에 없는 곳임에도 길을 막고 있다. 2017년 8월 개정된 공동주택 관리법에 의해 아파트 주차장을 유료화 할 수 있어서 외부 차량에 요금을 받는 것에 법적 하자는 없다.

'성안 도시' 아파트 단지의 게이트는 단지 주민들의 자존심이기도 하다. (사진 함인선)

아이들 학원 데려다주기 위해 늘 가던 길이고, 지름길이기에 바쁜 출근 시간에 항상 이용하던 길이 어느 날 차단기로 막혔다면 이웃 주민들의 원성은 과연 어느 정도일까? 특히 기존 시가지 조직과 옛길을 모두 와해시킨 후 들어서는 재개발 아파트의 경우에는 주변 기성 시가지 주민과의 갈등은 더욱 클 수밖에 없다.

강남은 도로체계가 갖추어진 채 시가지화되어서 통과 차량에 의한 갈등은 상대적으로 덜하다. 반면 여기서는 한술 더 떠 보행을 막는다. 강남의 적지 않은 아파트들은 철문으로 막아 놓아 출입 카드 없는 외부인은 단지를 가로질러 갈 수 없다.[38]

아파트 단지들의 이른바 '성안 도시(gated community)'로의 경향은 앞으로 더욱 강화될 전망이다. 이는 단순히 차량 대수가 늘고 범죄에 대한 염려가 증가해서가 아니다. 이 자폐증세는 '아파트의 물신화(物神化)'와 매우 깊은 상관관계가 있다.

이 시대 한국에서 아파트는 그냥 '주거'가 아니다. 아파트는 극소수 부유층에게는 제외하면 나의 '전 재산'인 동시에 부르디외가 말한 바 '상징자본'이다. 그렇기에 이제 아파트는 내가 가진 가장 큰 물질이기를 넘어 나의 정체성을 규정하는 초월적 위상을 가지게 된다.

평소 선하고 양식이 있는 사람일지라도 동네에 임대단지가 들어서는 것에는 결사적으로 저항한다. 재개발 사업 시 의무적으로 건설해야 하는 임대주택 동에는 아예 색깔을 달리 칠하거나 입구를 따로 내게 하는 경우도

38
강남구는 2020년 개포 근린공원으로 가는 길을 막은 아파트 조합을 이례적으로 경찰에 고발했다. 길을 막기 위해 철문과 울타리를 설치한 것이 '신고하지 않은 건축행위'였다는 이유에서다. 당시 아파트 조합장에게는 벌금 100만원이 부과됐지만, 철문은 지금까지 사라지지 않았다. 심지어 '공공 보행통로'를 설치하는 조건으로 용적률 인센티브까지 받고도 준공 후 이를 막는 몰염치도 많다. 담의 높이가 1.5m 이하이면 법망도 피할 수 있다.

있다.

일산에 많이 사는 공무원조차도 집값 안정이라는 사회적 의제보다는 3기 신도시가 내 집값을 토막 낼 것을 염려한다. 아파트가 나의 총재산이기 때문이다.

이는 우리나라 주택 공급방식의 패러다임인 '국민주택'과 깊은 관련이 있다. '내 집 마련'이라는 구호 아래 개별 가구 저축과 청약통장이라는 도구로 공급해 온 우리 사회에서 아파트란 '사는(住) 곳'이기 이전에 '사는(買) 것'이었다. 더욱이 국가가 적극 나서 싼값으로 공급한 택지에 대량생산 방식 건설로 가격이 낮아진 아파트를 분양받는 것은 시세 차익이라는 과실까지 선사하는 황금알이었다.

더 나아가 아파트는 '경제자본'인 동시에 사회적 인정을 얻게 하는 '상징자본'이다. 동네와 아파트 이름만 알면 그 사람의 자산은 물론 사회적 지위까지도 얼추 나온다. 아파트 분양 광고를 당대 "가장 잘 살 것 같은" 톱 여배우들이 전담하는 이유는 무엇일까?

사회 지도층과 유명인이 많이 사는 강남아파트가 불패일 수밖에 없는 이유, 메이저 건설사의 브랜드 아파트에 프리미엄이 붙는 이유, 아파트 단지 게이트와 지붕에 그렇게 '뽕'을 넣는 이유는 다 같다. 한마디로 우리네 아파트는 '실용품'이기를 넘어서 '과시용품'이 된 것이다.

2. 단지형 아파트: 불가역적인 폐쇄성

이러한 맥락에서 앞에 언급한 단지 내 통행료 징수의 속내를 들여다보면 쉽게 이해가 된다. 단지 내 도로의 혼잡, 방범, 쓰레기 등의 실용적 이유는 분명 아니다. 단지 도로가 통과 차량의 부하를 감당 못할 정도가 아닐 터이며 모퉁이마다 있을 CCTV가 제 역할을 할 것이기 때문이다. 요컨대 그 아파트 주민들은 인근의 비아파트 주민과 '구별'되고 싶은 것이다.

19세기 미국의 사회학자 톨스타인 베블런은 '유한계급론'이라는 책을 통해 '과시적 소비'를 일삼는 유한계급을 비판한다. 백 달러 지폐로 시거를 말아 피우거나 강아지 미용사를 고용하는 등, 이들에게는 소비가 낭비적, 비실용적일수록 자신의 사회적 위신을 높이는 것이 된다.

결국 차단 장치를 통해 이웃의 차량을 막으려는 것이나 철문으로 보행 통과를 거르려는 행위는 낭비와 비실용성을 통해 차별성을 얻겠다는 심리에서 비롯되었다고 봄이 옳다. 주변이 누리지 못하는 녹지와 한적함이 가져오는 '공간 낭비'와 길 나누어 쓰기 같은 '실용 정신'을 배제함을 통해 스스로의 '위신'과 '집값'을 지키려는 것이라고 읽어야 한다.

대형 건설 회사들의 아파트 브랜드 이름에 '캐슬', '스테이트' 등의 시대착오적인 단어가 들어가는 것 또한 베블런이 언급했던 19세기 '도둑 남작'들의 주거취향을 환

기시킨다.[39]

몰락한 유럽 귀족들의 후손과 결혼해 작위를 얻은 미국의 신흥부
자들은 저택 또한 유럽의 고전주의 건축 풍을 흉내 내어 지음으로써
자신들이 졸부임을 은폐하고자 했다. 비슷하게 한국의 아파트는 사
용가치 이상의 상징가치를 머금은 상품이 되었으며 이 경향은 불가역
적이라는 측면에서 그 심각성이 크다.

우리의 아파트가 이토록 도시와 이웃과 단절된 '섬'이 된 것은 지난
개발시대의 업보다. 급격한 도시 팽창과 경제성장에 따른 중산층의
증가는 양질의 주거를 요구하게 되었던바 당시 우리나라 상황으로서
는 단지(團地)형 아파트가 유일한 방책이었다.

단지형 아파트는 단지 내에 도로, 녹지, 주차장, 어린
이 놀이터, 주민시설 등을 모두 가진다. 공공이 마땅히
지불해야 할 주거인프라 비용을 입주자들에게 전가하
는 방식이다.

반면 많은 서구 국가들은 근대화 과정에서 공공 인
프라를 먼저 준비한 후 도시 주택을 지었다. 따라서 블
록을 꽉 채운 연도(沿道)형 아파트가 대부분이다. 왕족,
귀족의 사유지가 도시 공원이 되었고 공공이 학교, 공
공시설을 기존 도시조직 안에 심었으며 도로, 상하수도
등의 인프라 또한 공공재원으로 확보 되었다.

블록형 아파트의 중정에서는
주민 축제가 열리기도 한다.
(사진 함인선, 프랑스 파리)

이렇게 하여 구획된 블록에는 온전히 주거만이 들어
갈 수 있게 되었으니 블록형 아파트가 만들어진 것은
당연한 귀결이었다.

가로 활성화는 일상생활 시
설이 도시 가로에 접해있어야
이루어진다. 이 가로에서의 우
연적이고 빈번한 마주침으로
주민 간 공동체성도 함양된
다. 우리의 아파트 단지의 일
상 공간은 단지 내 상가나 공
동시설에 집중되어 있다. 엘리
베이터나 복도에서 이웃을 마
주치면 머쓱해지는 이유다.

단지형 아파트는 도시 가로와는 펜스와 녹지로 단절
되어 있고 주변 지역과는 사회적으로 분리된다. 길이 펜
스와 붙어 있으니 아파트의 외연이 상가 등으로 사용되
는 연도형 아파트와는 달리 이곳은 도시의 경계가 되어
가로 활성화는 기대할 수가 없게 된다.[40]

대규모 재개발 아파트인 경우, 자기 단지가 옛 동네
를 없애고 들어선 것이라는 사실은 다만 과거사일 뿐이
다. 단지 내 인프라에 대해 비용을 지불한 아파트 소유
자들로서는 당연히 이를 나의 것이라 여긴다. 이웃 동
네 아이들이 단지 내 농구장을 쓰지 못하게 하거나 주
민들의 통과를 막으려는 것은 그 보상심리의 발로에
다름 아니다.

이 모든 사회적 폐해에도 불구하고 단지형 아파트는 공공으로서는
인프라에 대한 지출이 없어 좋고 건설사에게는 표준화 시공이라 고마
우며 환금성 때문에 소비자 또한 환영이다.

이러한 이해관계의 정합성에 의해 한국 사회에서 아파트는 바로 단
지형 아파트를 의미하게 되었고 우리 사회의 가장 사랑받는 주택 방
식이 되었다.

3. 고밀 아파트: 단지형 아파트와 용적률의 모순관계

2019년 8월 박원순 서울시장이 침통한 표정으로 "여의도·용산 개
발계획(마스터플랜) 발표와 추진을 보류하겠다."고 밝힌다. 그해 7월

싱가포르에서 이른바 '여의도·용산 통개발' 발언 이후 서울 집값이 치솟자 자신의 발언을 물린 것이다.

억울할 만도 하다. 여의도 재개발은 오래전부터 구상되어왔던 것이고 싱가포르에서 그가 강조한 바는 단지별 개발이 아닌 큰 그림에 의한 종합적인 개발로 가야 한다는 것이었기 때문이다.

1960년대에 건설된 여의도는 당시의 경제 사정에 맞추어 땅이 쪼개져 있다. 10만 평의 국회부지가 있는가 하면 1800평짜리 블록도 즐비하다.[41] 이 시대에 맞게 토지를 활용하기 위해서는 블록의 재편성, 부족한 공원과 오픈스페이스를 위한 공공용지의 확보 등 수많은 난제와 긴 협상의 시간을 넘어야 한다. 여기에 여의도 전체에 대한 마스터플랜이 우선 필요하다는 것은 거의 하나마나한 수준의 얘기였다.

그럼에도 부동산 시장은 이를 듣고 싶은 얘기로 편집해서 받아들였다. 이른바 '통째 개발'의 신호탄으로 말이다. 그 전해인 2018년에는 문재인 대통령이 전쟁 기념관에서 열린 광복절 행사에서 "용산 생태자연 공원을 상상하면 가슴이 뛴다."고 했더니 용산 땅값이 들썩인 적이 있었다. 부동산에 이성을 기대하면 안 된다는 것과 서울의 개발 압력이 얼마나 큰지 알게 한 해프닝이었다.

개발 압력은 수압과 같다. 바늘구멍이라도 보이면 바로 큰 구멍으로 만든다. 실금에서 시작된 물길이 커

41
당초 여의도에는 국회의사당뿐 아니라 시청, 대법원, 외국 공관과 초고층 상업지구, 현대식 주거단지가 들어설 예정이었다. 1968년 여의도 개발 계획을 맡은 김수근 팀은 모더니즘의 이상에 따라 원활한 차량 통행과 보행자 보호라는 대원칙 아래 공간 계획과 교통 계획을 통합하는 계획안을 만든다.
그러나 1971년 이들이 배제된 채 만든 수정안에서 원래의 모습은 거의 사라진다. 여의도 전체를 관통하는 보행 데크는 없어지고 군중 집회와 열병식을 위한 100만 평 대광장이 청와대의 요구로 들어서 섬을 동서로 분할한다. 블록은 민간 분양이 쉽도록 원칙 없이 분할되고 그저 그런 격자 도시가 되고 만다.

저 거대한 댐이 붕괴에 이르게 되는 세굴(洗掘)처럼 말이다. 문재인 정부의 주택정책 기조는 규제의 둑을 높이 쌓고 구멍을 촘촘히 메우자는 방식이었다.

42
문재인 정부는 서울 집값의 급등도 '공급 부족'이 아니라 '투기 수요'라고 보고 수요 억제를 통해 부동산 가격을 잡자는 정책을 펼쳤다. 그러나 총체적인 투기 규제에도 폭등하자 2021년 2월, 3기 신도시를 비롯한 대대적인 공급 확대책을 내놓았지만 이미 시기를 놓친 상태였다. 문 정부 5년간 연평균 주택공급 물량은 연평균 55만 가구 수준으로 박근혜 정부 45만 가구, 이명박 정부 35만 7000가구, 노무현 정부 36만 3000가구보다 오히려 높다. 그러나 서울 도심 등 수요자가 원하는 곳을 규제로 묶어 서울의 주택 보급률은 2013년 수준인 94.9%로 떨어졌다. 결과적으로 서울 평균 아파트 가격은 2배가 올라 12억원이 넘었고 이 정책 실패는 정권교체의 1등 공신이 된다.

반면 부동산 시장은 어떤 얘기도 개발의 시그널로 읽었다. 대통령과 시장이 도시의 비전을 얘기하는 것도 '물샐 틈'으로 번역하는 마당에 수요 세력을 이기는 것은 애당초 불가능한 일이었다. 결국 정부는 항복하고 3기 신도시 등을 건설하는 공급책을 내놓고 만다.[42]

댐의 붕괴를 막기 위해서는 압력을 낮추는 방법 말고는 없다. 수압을 줄이려면 수위를 낮추거나 압력 면을 넓히면 된다. 개발 압력 또한 마찬가지다. 무게에 해당하는 총수요는 줄일 수 없으므로 면적을 늘려야 한다.

신도시 등을 통해 수평 확장하는 방법이 하나라면 용적률 증대로 수직 확장을 꾀하는 방법이 다른 하나다. 그러나 서울의 경우 외곽의 신도시를 통한 주택공급은 한계가 있다. '시내의 똘똘한 한 채'를 지향하는 수요자들의 속성상 외곽의 주택은 징검다리일 따름이다. 결국 시내에서 용적률 증가를 통해 주택 연면적을 늘릴 수밖에는 없다.

그런데 이 지점에서 모순에 봉착한다. 단지형 아파트 패러다임을 유지하면서 용적률을 높이는 것은 거의 불가능하기 때문이다.

우리나라의 현행법상 단지형 아파트가 성립되려면 갖추어야 할 조건이 많다. 우선 동간 거리다. 일조, 통풍, 프라이버시 등의 규정 때문에 건물이 차지할 수 있는 면적은 제한된다. 이에 더해 단지 내 조경 면적과 상가, 관리사무소 등의 주거 부대 복리시설의 면적도 확보해야 하니 건폐율을 높이는 것이 매우 어렵다. 그렇다면 수직으로 올릴 수밖에 없는데 이 또한 민원, 경관, 고도 제한, 건설비 등 여러 이유로 쉬운 문제가 아니다.

영화 〈메트로폴리스〉의 한 장면
(Fritz Lang, 1927년)

그렇다면 용적률을 올릴 수 있는 방법은 단 하나다. 단지형 아파트를 포기하는 것이다. 파리의 용적률이 300% 가까이 되면서도 저층인 까닭은 당연히 건폐율이 높아서다. 우리 아파트 단지들의 평균 건폐율이 20% 내외인 반면 파리나 런던의 도심 아파트 건폐율은 70% 이상이다. 당연히 주거환경의 품질은 우리보다 못하다. 그럼에도 도심에서 산다는 매력이 그것을 상쇄한다. 이제 서울도 그 고민을 시작할 시점이다.

4. 미래의 아파트: 경계의 공공성

강남의 몇십 억대 아파트와 이른바 '지옥고'는 실은 '도시 접근성'에 대한 욕망이라는 같은 뿌리에 근거한 두 가지 표현이다. 가장 우수한 도시성을 제공하는 강남에 거주하겠다는 것이나 도시의 매력을 향유하기 위해 저급 주거에라도 살겠다는 것은 같은 얘기다. 그리고 이 경향은 더욱 가속될 것이다.

유네스코 인류 기록유산이기도 한 SF영화 '메트로폴리스(1927, 프리츠 랑)'에는 21세기 지금의 맨해튼이 묵시론적으로 그려져 있다. 앞으로 십수 년 안에 영화 '블레이드 러너(1993)', '제5원소(1997)'에서 표현되었던 모습, 캡슐 안에서 살고 공중을 나는 무인 택시를 타는 도시 생활은 곧 현실로 나타날 것이다.

초연결 사회, 고도의 모빌리티 기반 사회는 고전적인 도시 공간 구조를 무력화시킬 것이다. 일상생활은 주거 공간을 벗어나 도시로 외부화될 것이고 이에 따라 주거와 비주거 사이의 경계가 극히 모호해질 것이다. 모빌리티 거점 기반 주변은 극도로 고밀화될 것이고 지그문트 바우만이 말한바 '비장소'들이 확산될 것이다.[43]

역설적이게도 고밀 공간은 단지형 아파트를 전 시대의 호사스러운 유물로 만들어 버릴 것이다. 첫째로는 도시 가로에 면하지 않고서는 주거생활이 불가능하게 되기 때문일 것이고 둘째로는 단지 내 녹지나 주차장이 비싼 것 혹은 필요 없는 것이 될 터이기 때문이다. 이미 많은 주상복합 건물들이 고급 단지형 아파트를 대체하고 있는 것이 그 전조이다.[44]

그러므로 이 같은 필연적인 변화를 담을 수 있는 도시계획·관리 패러다임의 혁명적 전환이 필요하다. 그것

43
지그문트 바우만은 〈액체 근대〉에서 관계 맺음 없이(예의 없이)도 사용자들이 공유하는 공간, 예컨대 공항, 대중교통, 익명의 호텔방 같은 공간을 '비장소', '빈 공간'이라 표현한다. 가족들과 관계를 맺으며 사는 집(home)에서가 아니라 고시원에서 취침을 해결하고 나머지 생활은 익명성이 보장되는 소비 공간에서 해결하는 이 시대 도시 공간이 바로 그렇다.

44
상업지역에 들어가는 주상복합이나 주거형 오피스텔은 주거 지역에 들어가는 아파트가 지켜야 할 일조, 북향 회피, 인동간격, 개구부 대면거리 등의 규정을 지키지 않아도 된다. 그럼에도 위치가 좋으면 인기 폭발이다.

은 공적 영역인 도시와 사적 영역인 건축의 접면을 극대화하는 방식으로의 전환일 것이다.

이는 가로를 중심으로 공·사적 영역이 혼합됨에 따라 양측에 더욱 큰 효용을 제공하게 될 것이다. 도시 내 소필지들은 가로형 아파트로 재편하는 동시에 단지는 해체하여 중규모 블록형 아파트들로 바뀔 필요가 있다.

단지가 곧 위신자본이라고 생각하는 소유자들의 저항은 적절한 인센티브 시스템을 통해 제어 가능하도록 해야 하며 공공은 공공시설의 적극적 이식 등을 통해 도로가 아닌 가로부 전체에 대한 개입을 해야 한다. '공공성'은 공공시설 내부가 아니라 모든 영역의 경계에 있기 때문이다.

공적 영역인 도시와 사적 영역인 건축의 접면을 극대화하는 방식이 되기 위해서는 도시 가로와 접하는 주거 형식이 필요하다.
(사진 함인선, 프랑스 파리)

일부가 아닌 서울 전체의 용적률을 대폭 상향하되 역사 도심 등 높이를 제한해야 할 곳은 높게 지어도 되는 곳과 '결합개발'을 허용하거나 '공중권 판매' 등의 방식을 도입하면 된다.[45]

또한 이 시대 테크놀로지는 고밀로 인한 환경 악화를 해결할 많은 가능성을 제공한다. 북향집을 없애려면 건물을 회전시키면 된다. 이미 두바이에서 80층짜리가 시작되었다. 뉴욕의 로우라인은 광섬유로 자연광을 들여오는 지하공원이다.

우리 아파트 문제는 지금 우리 사회의 가장 큰 도전

45
'결합개발'은 저층 지역의 잉여 용적률을 역세권 같은 고층 허용 지구에 양여해 생기는 개발이익의 추가분을 나누는 방법이다. '공중권(air-right) 판매'는 쓰지 않고 있는 내 용적률을 주변에 팔아 개발 이익의 일정 부분을 받는 방법이다. 도쿄, 뉴욕 등지에서 이미 도입했다.

용적률 양여

보상

개발이익 공유
용적률 이전

공중권 양여나 결합개발을 통
해 일률적 용적률 상향의 폐해
를 피할 수 있다.

이다. 100년 전 우리 같은 상황이 유럽을 지배했다. 산
업혁명은 농민을 도시로 소환하였으되 그들의 주거에
대해서는 몰라라 했다. "한방에 8명과 돼지까지 살았으
며 근친상간이 심각한 사회 문제였다."라고 피터 홀은
〈내일의 도시〉에서 서술한다. 3, 4차 산업혁명으로 일자
리를 잃고 소득으로 지대(地代) 쫓기를 포기한 이 시대
청년들의 처지가 크게 낫다 할 수 없다.

결국 이 문제를 해결한 것은 노동자의 힘과 '근대건
축'이라는 새로운 방법론이었다. 치열한 계급투쟁을 통
해 네덜란드, 오스트리아, 영국 등은 20%대 이상의 공
공임대주택을 얻어냈다. 또한 새로운 미학과 철근콘크
리트라는 신기술을 장착한 '새 건축'이 싸고 빨리 공동
주택을 대량 생산했다. 이제 낮은 건폐율로 도시의 공
간에서 특혜를 누려온 단지형 아파트의 시효는 끝났다.
단지형 아파트를 해체하여 공생의 도시공간을 만들자.

III

한국에 프리츠커 수상자가 없는 이유

독보적 랜드마크? '서울링' 비용과 안전을 우려한다

이 글은 한겨레신문 [왜냐면] '독보적 랜드마크? '서울링' 비용과 안전을 우려한다'(2023.3.22)로 게재되었음.

오세훈 "상암에 대관람차 '서울링' 만들 것"

오세훈 서울시장이 3일 마포구 상암동에 대관람차 '서울링(Seoul Ring)'을 만들겠다고 밝혔다. 후보지로는 노들섬과 상암동 하늘공원이 꼽혔으나 검토 끝에 상암동으로 낙점됐다.… 오시장은 '서울링'을 '현대식 디자인의 대관람차'로 소개하며 "거대 구조물 안에 관람객이 탈 수 있는 캐빈(cabin)이 있는 형태로 캐빈 안에서 한강을 조망할 수 있다"고 설명했다. (2023.3.3, 연합뉴스)

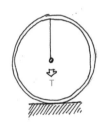

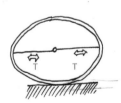

자전거 바퀏살과 '런던 아이' 바퀏살

자전거 바퀴는 12시, 3시, 6시 방향의 바퀏살이 힘을 받는다

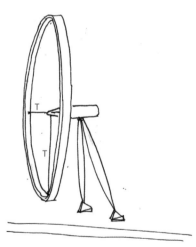

'런던 아이'는 3시, 6시, 9시 방향의 바퀏살이 인장력을 받는다

서울시가 180m 높이의 대관람차 '서울링'을 세우겠다는 계획을 발표했다. 지름 257m인 두바이의 '아인 두바이'보다는 작지만 가운데 바큇살이 없기에 세계적으로 독보적 랜드마크가 될 것이라 한다. 그런데 오로지 독보적이기를 위해 비쌀뿐더러 안정성이 증명된바 없는 링 구조로 해야만 할까?

'런던 아이'나 '아인 두바이'가 바큇살을 가진 것은 다 합당한 이유가 있어서다. 자전거 바퀴를 예로 들자. 가는 철사인 바큇살이 사람 무게를 견디는 것은 바큇살에 누르는 힘이 아닌 당기는 힘이 가해지도록 돼 있어서다. 바퀴 축에 무게가 가해지면 12시 방향의 살이 아래로 당겨진다. 이로 인해 바퀴는 타원형이 되려 하고 이를 3시와 9시 방향의 살이 견뎌준다. 이때 6시 방향 살은 힘을 받지 않으나 곧 9시 방향이 될 것이기에 존재한다.

이렇듯 바큇살은 가늘어서 없애도 될 듯 보이지만 바퀴 구조의 핵심이다. 그래도 굳이 없애겠다면? 링이 자중과 풍압을 오롯이 견뎌야하기에 훨씬 두꺼워진다. 두꺼워져 입면적이 늘어나면 풍압이 아울러 커짐에 따라 더 두꺼워져야 하니 공사비는 기하급수로 증가한다. 또 대지와 점으로 만나기에 굴러갈 수도 넘어질 수도 있다.

중국 웨이팡에 있는 '발해의 눈'이 링 형태라지만 오히려 까치발이 잔뜩 달린 도넛에 가까운 이유다. 애당초 링이라는 구조는 애플 사옥처럼 땅에 누워있든지 중력 없는 우주 공간에 떠있기를 요구하는 기하학이다. 지구에 서 있는 모든 것, 피라미드에서 인체까지 좌우는 대칭, 상하는 비대칭인 것은 중력 때문이다. 그래서 미국 세인트루이스의 날렵한 '게이트웨이 아치'는 포물선 아치 형상이다.[46]

46
구조체를 가늘게 만들려면 힘
이 흐르는 방향에 구조부재를
맞추면(align) 된다. 중력을 받
는 지구상의 모든 구조체는
아래로 내려갈수록 벌어져야
한다. 포물선 아치가 가장 이
상적인 형태다. 링은 태생적인
불안정성(unstability) 때문에
굴러가는 바퀴 용도이지 서
있을 수는 없는 형태다.
세인트루이스의 Gateway
Arch, 지구상에 서있는 모든 구
조물은 상하가 비대칭일 때 구
조적 안정성을 가진다.
사진 Daniel Schwen, CC BYSA3.0.h t
tps://commons. wikimedia.
org/w/index.php?curid=14673204

애플 사옥, 지구상에서 링 구조
는 서있기 위한 것이 아니라 누
워있기 원하는 기하학이다.
사진 Daniel L. Lu(user:dllu), CC
BY-SA 4.0, https://comm
ons. wikimedia.org/w/index.
php?curid=69553418

서울시는 그림부터 내놓기 전에 20년 전 무산됐던 '천년의 문'의 교훈을 면밀하게 검토했어야 했다. 2000년 새 밀레니엄을 맞아 세울 상징물을 현상공모로 선정했는데 '서울링'과 똑같은 디자인이었다. 이후 실제 설계에 들어가 풍동 실험을 했으나 세 차례나 실패했다. 결국 10개월이나 걸려 영국의 구조회사 '애럽(Arup)'에서 해법을 찾았지만 예상 건설비는 300억 원에서 450억 원으로 늘었고 여러 논란 끝에 없던 일이 되고 말았다.

세계적 구조회사에서 해결 방안을 찾았으니 검증된 것 아니냐고 할 수 있겠으나 런던 '밀레니엄 브리지' 사건을 보면 그렇지만은 않다. 밀레니엄 프로젝트 가운데 하나로 템스강에 다리가 놓였다. 세계적 건축가 노먼 포스터가 디자인하고 '애럽'이 구조설계를 맡은 보행 육교다. 그런데 개장 첫날 다리가 흔들리는 바람에 바로 폐쇄하고 2년 동안 90억 원을 들여 보수한 뒤 재개장했다.

다리가 공진[47] 때문에 흔들리고 붕괴하는 현상은 잘 알려져 있다. 1850년 프랑스 앙제에서는 대대 병력이 발 맞춰 건너다 공진으로 다리가 무너져 226명이 죽었다. 1945년 미국 터코마 해협에서는 다리의 고유 진동수와 같은 진동수의 산들바람이 불어 다리가 붕괴한 적도 있다.

구조공학의 기본인 공진을 '애럽'이 몰랐을 리 없다. 행진이 아니어도 양발을 번갈아 디디는 보행 특성만으로 공진이 생긴다는 사실은 이 사건을 분석하는 과정에서 비로소 알려졌다. 이처럼 자연의 현상에는 이 시대의 최고 엔지니어들조차 예측 못하는 많은 변수가 숨어 있다. 세계적 회사라 해도 맹신할 수 없다는 뜻으로 든 사례다.

서울시가 '서울링'을 그림과 함께 발표한 것은 두 가지 측면에서 잘못됐다고 본다. 첫째, '서울링'은 지름만 200m에서 180m로 바뀌었을 뿐 형상, 비례, 질감 모든 면에서 '천년의 문'의 복제다. 지적 재산권을 앞서서 보호해야 할 공공이 이토록 대놓고 표절하는 것은 심히 유감스런 일이다.

둘째, 이 사업은 설계-시공-운영이 패키지인 수익형 민간투자사업(BTO) 방식으로 발주한다는데, 과연 더 합리적이고 창의적인 제안이 나올지 의문이다. 발주자가 이미 링이라고 못 박았는데 누가 다른 대안을 내겠는가?[48]

오세훈 시장이 워낙 스펙터클을 선호해 이런 그림이 더불어 등장했으리라 이해는 하지만 공공의 이익과 안전을 위해서는 지금이라도 그림은 거둬들이는 것이 옳다.

47
구조체의 고유진동수와 바람, 발디딤 등 가해지는 진동수가 일치하면 공진(共振, resonance) 현상이 생겨 진폭이 이론상 무한대로 커진다. 예컨대 그네를 고유 주기에 맞추어 밀면 진폭이 점점 커진다.

48
표절 논란이 일어나자 오 시장은 한 강연회에서 자신이 '가운데 빗살이 없는 매끈한 형태의 구조물'을 검토해보라고 지시하기는 했으나 그림은 개념도일 뿐이라고 해명했다.

지금은

시장이 원하는 '가운데 빗살이 없는 매끈한 형태의 구조물'

서울시의 한강변 대관람차 '서울링 제로' 조성 계획에 대한 저작권 침해 소송이 제기됐다. 건축가 우대성 씨는 '천년의 문' 이미지를 사용한 데 대한 손해배상을 청구하고, 향후 사업을 추진하는 과정에서 '천년의 문' 저작권을 침해하지 않을 것을 요구하는 소장을 오세훈 시장 상대로 서울중앙지법에 제출했다고 16일 밝혔다. (2023.11.16, 조선일보)

SH공사 공개모집을 통해 구성된 컨소시엄은 대규모 복합문화시설과 상업시설까지 포함한 제안서를 제출했다. 설치 장소도 월드컵공원 내 하늘공원에서 평화의 공원으로 바뀌었다. 형태도 고리가 교차하는 트윈 휠(Twin Wheel)로 변경됐다. 이후 서울시는 총 사업비 1조 871억 원 규모 사업계획을 수립했다. 당초의 2배다. (2024.5.2, 뉴시스)

서울시가 새로 제시한 '서울링'과 '발해의 눈'. 안정성을 고려하다 보니 결국 비슷해졌다.

아나나 다를까? 당초 2023년 3월 4,000억원으로 시작한 대관람차 사업은 같은 해 9월 5,800억 원으로 늘더니 급기야 2024년 6월 발표에서는 1조 871억 원이 되었다. 1년 사이에 2.7배가 상승했다. 사업비가 늘어서인지 당초 순수 민간제안인 BTO방식으로 하겠다고 공언했으나 슬그머니 SH공사를 출자기관으로 참여시켜 민간의 수익성 독점을 제한하겠다는 계획을 밝히고 있다.

여러 사업 아이템이 추가되어서이기도 하겠지만 사업비가 이처럼 눈덩이처럼 불어난 까닭은 왜일까? 오시장의 디자인 개입 때문이라고 필자는 생각한다. 앞서 말했듯이 가운데 살을 없애는 것도 엄청난 비용인데 그 링이 두 개나 생겼다.

오 시장은 여성건축가협회가 주최한 강연회에서 표절 논란에 대한 답을 하면서 "진도가 안 나가서 직접 챙기기 시작했고 자존심도 있고 해서 차별성을 위해 전담부서에 '가운데 빗살이 없는 매끈한 형태의 구조물'을 만들고 관람차를 돌리면 세계적 랜드마크가 될 것 같은 데 불가능할지 물었다"라고 말했다. 디자인 지침을 내렸음을 자인한 셈이다.

변경 계획안은 링 두 개가 교차하는 형태로 바뀌었다. 원안보다는 구조적 안정성은 나아졌다. 측면에서는 X자가 되었으니 하부로 벌어진 셈이고 정면에서도 아래를 땅에 묻다시피 해놓았으니 '발해의 눈'과 흡사해지기는 했지만 안정성을 찾았다고 보인다. 그렇지만 글쎄다. 표절을 피하면서도 오 시장이 요구한 디자인 지침을 지키느라 애쓴 흔적은 보이지만 원안이 가지는 '강력한 조형성(Holistic Composition)'은 사라졌다. 더구나 꼼수에 가까운 이 같은 결정을 위해 막대한 비용이 추가된다니 너무한 것이 아닌가?

'천년의 문' 설계자인 우대성 팀은 집까지 담보 잡혀가면서 설계를 완성했는데 공공이 일방적으로 프로젝트를 취소해 11년의 소송을 통해 겨우 설계비를 받았다. 서울시는 그동안의 무례에 대해 진정성 있는 사과를 하고 충분한 보상과 더불어 이들에게 원안을 살리는 설계 의뢰를 했어야 옳았다.

이러니 우리나라에 세계적으로 독창적인 공공건축이 들어서지를 않는다. 시장이 직접 디자인을 하고 있고 공무원들은 말썽의 소지가 없기만을 바랄 뿐 무엇이 독창적이고 품격 있는 것인지 볼 줄을 모른다. 링이 두 개 있어 세계 최초면 세 개 있으면 더 세계적이 되는가?

너무 많은 공관, 시민 공간으로 만들자

이 글은 중앙일보 시론 '너무 많은 공관, 시민공간으로 만들자'(2022.4.29)로 게재되었음.

안철수 인수위원장 "도지사 관사는 특권, 본인 집 살게 해야"

글을 통해 "풀뿌리 민주주의를 구현하기 위해 선출된 시장·도지사가 자기 집에 살지 않고 관사에 살 이유는 없다"라고 밝혔다. 그는 또 "이제 국민의 세금을 낭비하는 이런 공간(관사)은 싹 다 정리하고, 본인 집에서 살게 해야 한다."라고 말했다.… 전국 17개 시·도에 따르면 현재 단체장에게 관사를 제공한 지자체는 모두 7개다. 강원·경북·전북은 단독주택형 관사를, 대구·충북·충남·전남 등은 아파트형 관사를 매입하거나 임차한 상태다.(2022.4.14, 중앙일보)

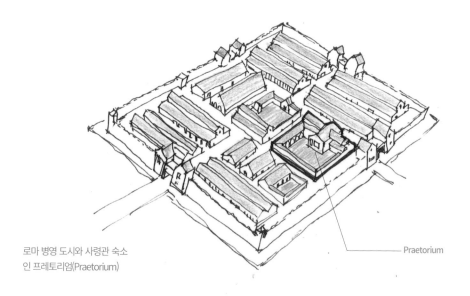

로마 병영 도시와 사령관 숙소
인 프레토리엄(Praetorium)

Praetorium

안철수 인수위원장이 지자체장들의 관사 사용을 비판한 후 관사, 공관 문제가 큰 관심의 대상이 되고 있다. 중앙일보의 '공관 대수술' 기획에 소개되는 해외 사례와 국내 실태는 우리나라가 무늬만 국민국가, 지방자치가 아닌가라는 자괴감이 들게 한다.

관사가 굳이 필요한 직이 있다면 주야 없이 제 위치에 있어야 하는 군 지휘관 정도일 것이다. 로마 시대 군 지휘관 텐트를 '프레토리움'이라 했고 나중에는 황제의 성 또는 막사를 가리켰다. 그럼에도 우리나라 지자체에는 단체장은 물론 판검사, 지방 개발공사 사장, 국정원 지부장에게까지 관사 인심이 베풀어지고 있다.

지방의 관사는 타지에 근무하게 됨에 따라 공직자에게 주거 편의를 제공하던 관선 시대의 유물이다. 그러나 지금은 거주민이라야 단체장이 될 수 있는 시대다. 또 전국이 반나절 거리로 좁혀졌고 비대면으로 모든 회의가 가능해진 세상이다. 오지가 아닌 담에야 공짜 관사는 시대착오적인 특혜다. 미국의 폴 라이언 전 하원의장은 회기 중에는 사무실 간이침대에서 지냈다지 않나. 모두 회수하는 것이 옳다. 공짜 관사로 공관 재테크를 한 이종섭 국방부 장관 후보자가 구설수에 올랐지만 원조는 김명수 대법원장이다. 아들 부부는 무상거주에 공관 만찬으로 국민의 염장을 질렀다.

대법원장 공관은 한남동이다. 한남동에는 대통령 관저로 쓰일 외교부 장관 공관을 비롯해 국방부 장관, 합

49
대통령 관저까지 이전해 옴에 따라 한남동은 3권 수장들의 공관이 모인 동네가 되었다. 한미연합사 부사령관, 해병대 사령관, 육군 참모총장 공관은 각각 대통령 비서실장, 경호처장, 경호처의 공관으로 바뀌었다.

참의장, 국회의장, 대법원장 공관 등 8개의 공관이 모여 있다.[49]

왜 하필이면 한남동일까? 사대문 안과 가깝고 국유지도 많아서 였다지만 무엇보다 용산 미군기지와 국방부 때문일 것이다. 군 관련 5개 공관은 그렇다 해도 입법, 사법부 수장의 공관은 더불어 안전함 때문에 터 잡았을 것이다. 법궁 대신 러시아 공사관 담장 옆 덕수궁으로 간 고종이 연상되어 썩 유쾌하지 않다.

미군기지와 외무장관 공관 덕분에 한남동 일대에는 54개국의 외국 공관이 있다. 더구나 부촌이다. 주식자산 1조 원 이상 부자 24명 중 14명이 이 동네에 산다. 알아주는 연예인들은 일제 강점기 일본군 장교 단지였던 유엔 빌리지에 모여 있다. 이곳은 얼마 전까지도 단지 입구에 초소가 있었는데 어쩌면 한남동 전체가 '성안 도시(gated community)'인지도 모르겠다.

용산은 외국군으로부터 시민에게 돌아오고 이제 대통령실도 품에 안기기로 되었다. 권위주의 시대의 유산인 각종 공관, 관저들도 더불어 '탈영토화'될 필요가 있다. 영지(manor)에서 시민의 공원으로 바뀐 서구 도시들의 경우는 중요한 시사점을 제공한다.

런던에 있는 그리니치, 하이드, 리젠트, 켄싱턴 파크를 비롯한 8개의 큰 공원은 모두 왕립이다. 과거 왕의 사냥과 연회에 쓰였던 장소다. 용산 공원의 6배인 무려 600만 평이나 되는 땅이 18세기 입헌제 이후 시민들에게 돌려졌다. 베를린의 티어가르텐, 파리의 뤽상부르 등 구미 도시의 공원들 또한 과거 왕족, 귀족들의 영지나 사저였다.

서구의 산업혁명이 계급혁명으로 끝나지 않게 만든 일등 공신이 바로 이들 도시공원이다. 숨쉴 틈 없이 들어찬 도시의 허파가 되었다. 반면 근대화에서 이 과정이 없었던 우리의 도시는 여전히 남루하고 살기에 팍팍하다.

　이제라도 모든 공관, 관저를 공원과 문화공간으로 바꾸자.[50] 광화
문광장, 경복궁, 청와대를 합하면 71만㎡, 런던 하이드 파크의 절반
이다. 서펜타인 갤러리는 하이드 파크에 있는 미술관으로 세계 최고
건축가들이 매년 파빌리온을 짓는 것으로 유명하다. 청와대 건물과
야외공간의 쓰임새로 더할 나위가 없다.

　공직자들은 구별된 공간을 떠나 시민들 속으로 나오
시라. "병사들은 프레토리움에서 홀로 지내던 폼페이
우스를 존경했다. 그러나 병사와 뒤섞여 자던 카이사르
를 그들은 사랑했다." 이 시대의 리더들도 새겨들을 만
한 얘기다.

50
이 글의 목적은 특권으로 되
어있는 지자체장들의 공관을
회수해야 한다는 것에 방점
이 있다. 그런데 무조건 회수
한다고 공익에 부합하는 것
만은 아니라는 것을 청와대의
현재가 말해준다. 당초 연간
300만 명이 관람한다는 전제
로 개방했던 청와대의 관람객
수는 점점 줄어 현재 200만
명 수준이다. 영빈관을 재사
용하기로 하는 등 출입이 제
한되는 장소가 많고 무엇보
다 콘텐츠가 없어 재방문 유
인도 없다. 정치적 목적의 공
관 회수와 그것의 공공성 높
은 재활용은 다른 문제다.

지금은

자칭 지방근무자 홍 시장님, 무히카를 좀 배우세요

대구시가 공개한 2022년 '1급 숙소 운영비와 구입 비용 상세현황'에 따르면 대구시는 매입비용 8억 9600만 원에 부동산 중개 수수료와 등기이전 수수료를 합쳐 관사 구입에 약 9억여 원을 지출했다. 이밖에 가재도구 구입, 리모델링, 인테리어비용 등에 약 9000만 원이 집행됐다.… 홍준표 시장처럼 아직 관사에서 살고 있는 단체장은 오세훈 서울시장, 이철우 경북지사, 김영록 전남지사, 김진태 강원지사 등이다. (2024.2.21, 내일신문)

홍준표 대구 시장은 시민단체가 요구하는 시장 관사 폐지 요구를 거부했다. 그는 자신의 온라인 플랫폼 '청년의 꿈'을 통해 "대통령 지방 순시 때를 위해 지은 5공 시대 호화 관사와 공직자 지방 근무를 위한 숙소는 다른 개념이니 트집 잡지 말라"고 한다. 홍 시장이 중앙 정치에 더 열정적인 것은 알겠으나 적어도 4년의 임기를 가진 지자체장이 자신을 지방 근무자라고 얘기하는 것은 좀 그렇다. 서울에 집이 있는데도 사용료를 내지 않고 공관에 살고 있는 오세훈 서울시장을 겨냥한 말씀이 아닌가 싶기도 하다.

우리보다 땅덩어리가 큰 미국도 대통령, 부통령, 군사령관에게만 관사를 제공한다. 우리 보다 못 살지 않는 영국, 독일, 프랑스 등도 선출직 지방단체장의 관사는 두지 않는다. 시장님, 지사님들이 돈이 없어서 관사에 계신 것이라고는 생각하지 않는다. 관사라는 구별된 공간이 주는 위신, 이에 따르는 의전을 버리기 아까운 것이리라 짐작한다.

최근 암 투병 중인 우루과이 호세 무히카 전 대통령(2010~2015)은 재임 시 '세계에서 가장 가난한 대통령'으로 불렸다. 월급의 대부분을 기부하고 관저 대신 수도 외곽의 허름한 집에서 출퇴근을 했다. 관용차를 거부하고 1987년형 하늘색 폭스바겐 비틀을 타고 다녔다. 재임 기간 빈곤율을 40%에서 11%로 떨어뜨린 그를 국민들은 '페페(할아버지)'라는 애칭으로 부르며 사랑과 존경을 표했다.

홍 시장이나 오 시장에게 무히카까지는 바라지 않는다. 그런데 꼭 그렇게 바른말을 하셔야 하나. 더 큰 지도자를 생각하신다면 카이사르나 페페를 참조하심이 좋을 듯하다. 참, 카이사르도 병사들에게 '아버지' 소리를 들었다.

왜 우리에게는 품격 있는 공공건축이 없는가?

이 글은 중앙일보 시론 '왜 한국엔 천박하고 권위적인 공공건축물만 있나'(2018.11.22.)로 게재되었음.

세종 신청사 당선작 뽑은 날, 심사위원장은 사표 던졌다

31일 발표한 정부 세종 신(新)청사 당선작을 두고 심사위원장이 "기존 청사와 전혀 어울리지 않는 작품이 결정됐다"라며 반발한 뒤 사퇴하는 파행이 일어났다.… 심사위원장인 김인철 아르키움 대표는 "몇 달 전부터 행복청과 행안부 측이 '높이 솟은 건물을 원한다.'라고 해서 '그건 마스터플랜과 맞지 않는다.'라고 설득했었다"며 "짜고 친 심사라는 생각이 들 정도"라고 격분했다.… 발주처인 행복청 측은 전혀 문제없다는 입장이다. 정래화 행복청 공공청사기획과 과장은 "위원의 과반수가 참석하면 심사를 열 수 있고, 소신이 갈리면 다수결로 결정할 수밖에 없다"고 했다. (2018.11.1, 조선일보)

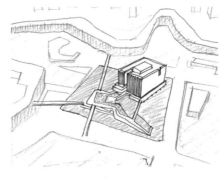

논란 끝에 선정된 정부 세종 신청사 당선안과 2등안, 발주자 측이 고층을 선호한다는 의사를 계속 전달했다는 주장이다.

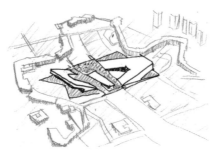

138

설계 공모 심사결과에 불복해 위원장직을 사퇴하는 초유의 사태가 일어났다. 지난 10월 29일 정부 세종 신청사 현상공모 심사에서의 일이다. 심사위원장인 건축가 김인철은 짜고 친 공모라고 주장한다. 발주처인 행안부와 행정중심도시건설청(행복청)이 자신들이 선호하는 고층형 청사를 당선시키기 위해 편파적인 심사위원 구성을 했을뿐더러 의향을 수시로 전달했다는 것이다.

물론 행복청은 펄쩍 뛴다. 국토부 설계 공모 운영지침을 준수해 위원 구성을 했으며 위원장도 동의한 절차대로 진행하고서는 생떼를 부린다고 항변한다. 건축단체들은 성명을 발표하고 국회와 국가건축정책위원회에서도 관심을 보이는 등 논란이 커지고 있다.[51]

51
승효상 국가건축정책위원회 위원장은 "항상 만장일치가 될 순 없지만 어떻게 심사위원장도 없는 가운데 결론을 낼 수 있나"라며 또 "발주처인 행안부와 행복청 직원이 심사위원으로 선정된 것도 이상하다"며 "주최 측은 필요한 경우에만 의견을 전달할 뿐 직접 심사를 하진 않아야 공정한 결과가 나온다"고 했다. 윤승현 새건축사협의회 회장은 "절차상 문제가 없었더라도, 심사위원 선정에 공정성과 변별력을 충분히 고려했는지 돌아볼 필요는 있다"고 말했다.

심증만으로 일을 벌였으니 필경 김인철의 패착이다. 그러나 건축계 절대 다수와 많은 국민들은 발주기관의 결백 주장을 곧이듣지 않는 듯하다. 관청사에 대한 뿌리 깊은 불신 때문이다.

2013년 100명의 건축전문가와 기자에게 해방 이후 최악의 건물을 뽑게 한 적이 있다. 서울시 신청사가 39표로 압도적 1등을 했다. 문공부 장관 입맛대로 갓 모양 지붕을 얹은 '예술의 전당'이 뒤를 이었고 10위 안에 8개가 공공건축이었다.

요란하나 권위적이고 호화롭기는 하나 천박한 그 많은 청사들이 그동안 관의 참견 없이 생겼다고 믿는다면 순진한 거다. 더욱이 뱀 모양 기존 청사로 불편함을 몸소 겪고 있던 행안부가 이번은 기능적인 박스형 고층 청사를 원했을 것은 의심의 여지가 별로 없다. 우리나라 공공건축에 대한 진짜 심각한 위협은 불공정성이 아니라 불신이다.

이번 사건의 쟁점은 절차적 공정성 여부가 아니다. 공공건축 공모 프로세스의 곪았던 곳이 터진 것이라 보아야 한다. 청사의 직접 사용자이자 유지관리자인 관이 원하는 바를 건물에서 얻어야 함은 당연하다. 문제는 얻는 방식이다.

발주자의 요구를 상세하고 구체적으로 공모 지침에 담는 과정을 건축기획(programming)이라 한다. 우리는 이 과정은 대충하고 심사를 통해 발주자의 의도를 구현하는 잘못된 관행을 가지고 있다. 품격 높은 공공건축물을 짓는 나라들은 거꾸로다. 기획 단계에서 모든 것을 거르고 작품성을 따지는 심사는 전적으로 건축전문가에게 맡긴다.

프랑스의 MIQCP라는 기구는 공공건축의 사업 타당성 검토, 현상공모 지침서 작성, 공모 진행을 전담한다. 영국은 총리 직속의 CABE라는 조직을 두어 공공건축의 사업기획과 설계자 선정과정을 지원한다. 미국의 PBS, 핀란드의 국유재산관리소 역시 공공건축 조성과정을 전담하는 국가기구이다.[52]

축적된 경험과 노하우를 통해 최고의 디자인을 얻을 최적의 디자인 가이드라인을 제공한다. 우리도 2013년 건축서비스산업진흥법 제정과 2014년 국가 공공건축 지원센터의 설립으로 법적, 제도적 장치는 갖추었으나

52
MIPQCP:
Mission Interministerielle
pour la Qualite des
Constructions Publiques,
CABE:
Commission for
Architecture and the Built
Environment,
PBS: Public Buildings
Service

아직 걸음마 수준이다.

　여전히 많은 기관은 필요한 사양을 충실히 제시하는 대신 심사 주도권을 행사해 원하는 설계를 얻고자 한다. 관이 주인 노릇 했다고 하여 공공건축이 저급해진다는 법은 없다. 라 데팡스, 오르세 미술관, 국립도서관 등의 대형 건축 프로젝트로 프랑스의 80년대 문화부흥을 이끈 미테랑 대통령, 둘로 압축된 설계안 중 최종 선택은 그의 몫이었다.

　루브르를 망친다고 비난받던 유리 피라미드를 고른 것도 그였다.[53] 그 결과 파리는 가장 보아야 할 현대건축이 많은 도시가 되었다. 미테랑만큼 예술적 식견에 자신 있다면 나서서 책임지든가 아니면 간섭을 말아야 한다.

　그런데 우리는 이번처럼 교수, 공무원, 건축가를 어정쩡하게 섞어놓고 심사를 한다. 겉보기 공정성은 얻었으되 매번 그렇고 그런 것이 뽑힌다. 이를 아는 응모자들 또한 창의적이고 혁신적인 설계보다는 무난히 뽑힐 만한 것을 만들고 발주처의 숨은 의도가 무엇인지 살피게 된다.

　참신한 젊은 건축가보다 정보력이 뛰어난 대형설계 조직이 유리한 것도 이 때문이다. 2015년 기준 공공건축물 계약 건수는 전체 건축물의 25.5%인 12,630건이고 금액으로는 15.6%인 16조 4천억 원이다. 이런 물량에도 내세울 만한 공공건축물 하나 없는 이유가 여기

53
미테랑 대통령은 1983년부터 파리의 공공문화 건축사업 그랑프로제(Grand Project)를 시작해 파리의 융성을 되찾고자 한다. 미국의 건축가 이오 밍 페이의 유리 피라미드는 루브르의 오래된 경관을 훼손시킨다는 비판을 받았음에도 미테랑은 승인한다. 에펠탑과 퐁피두센터가 그랬듯이 건축 역시 지금 파리의 가장 창의적인 건축물로 자리매김했다. 미테랑 프로젝트 중에는 30대 건축가 도미니크 페로에게 설계권이 주어진 프랑스 국립도서관(BNF)도 있다. 우리 같으면 어림없는 얘기다.

파리에 있는 프랑스 국립도서관, 36세의 건축가 도미니크 페로가 당선되었다. 미테랑 대통령이 직접 고른 작품이다.
(사진 함인선)

있다.

이춘희 세종시장은 이번 일과 관계없다고 국회에서 밝혔다. 행안부 장관이 "우리도 랜드마크가 필요하다."라고 했다는데 확인 불가능이다. 사용성과 유지 보수를 고려해 소신껏 심사했다는 행복청, 행안부 공무원을 믿는 수밖에 없다. 3700억 원 들여 짓는 공공청사 하나가 명목적 공정성과 익명성에 힘입어 또 보통건축 리스트에 들어서고 있다. 사후 논란에 소모되는 시간과 에너지를 공모 전단계에 썼다면 일어나지 않았을 일이니 안타까울 따름이다.

공공건축에서 계속되는 갑질

경기도 시흥시가 건물 규모를 실제와 달리 축소해 사업을 기획하고 설계 업체에 반값 수준의 공사비를 요구했다는 주장이 나와 논란이다. 시흥시는 2022년 6월 시흥을 대표하는 문화 중추 기관을 짓겠다며 공모전을 열고 당선작을 뽑았다. 2016년 문화체육관광부로부터 젊은 건축가상을 수상한 김모 건축사가 뽑혔다.

2014년에 생긴 법적 절차에 따라 공공건축 사전검토를 한 건축공간연구원에서는 이 건물이 문화·집회 시설이므로 공사비를 106억 원으로 늘리라고 지적했다. 그럼에도 시흥시는 당초 대로 72억 원으로 설계 공모를 냈다. 심지어 검토 이후 3층에서 5층으로 늘리고 꼭대기에 9m 이상에 달하는 다목적 컨벤션홀까지 추가했다.

설계사는 140억 원 이상이 든다고 주장하면서 1년 이상 대립한 끝에 시흥시는 결국 지난해 10월 계약해지를 통보했다. 이에 더해 시는 해당 설계사무소가 향후 5개월 동안 관급공사를 수주하지 못하도록 부정당업자 제재도 했다. (2024.2.15, 중앙일보)

갑질도 이런 갑질이 없다. 자신들의 잘못을 교정할 기회가 많았음에도 눙치고 넘어가고는 설계자에게 공사비도 맞추면서 면적도 맞추는 설계를 내놓으라니. 게다가 처벌이라니. 이 젊은 건축가는 이제 관 쪽은 쳐다보기도 싫다 한다.

이런 일을 방지하기 위해 공공건축을 사전에 시뮬레이션 하도록 규정한 사전 기획제도를 만든 것인데 이런 고약한 공무원을 만나면 백약이 무효다. 공공건축은 공무원의 것이라는 잘못된 관념에서 아직도 상당수는 벗어나지 못하고 있다는 징표다.

백범기념관의 당선안과 최종 모습

　　공무원이 행정에서 갑질을 한다면 기관장급은 디자인에서 갑질을 한다. 자기 정도 지위면 관청사에 대한 디자인의 취향이나 표상하는 가치는 내 것을 반영할 수 있다고 여기는 것이다. 세종시 정부 청사 사태도 행안부 장관의 취향 혹은 견해를 아래에서 억지로 관철시키려다 김인철 같은 꼴통(?)에게 들켜 일어난 해프닝이다.

　1967년의 김수근의 국회의사당과 1999년 이은석, 우대성의 천년의 문은 현상공모 1등으로 뽑히고도 맘에 안 들거나 비싸다고 무산된 경우다. 2000년도 임재용의 백범기념관은 관계자들이 스타일이 너무 현대적이라고 훼절해 죽도 밥도 아닌 건물을 만들었다.

　2009년 설계까지 끝낸 노들섬 오페라 하우스를 박원순 시장이 원점으로 돌리더니 오세훈 시장은 박 시장의 세운상가 위에서 눈물을 흘린다. 이 한심한 행진을 언제까지 봐 주어야 할까?

작은 집을 넓게 쓰는 두 가지 방법

이 글은 중앙일보 [함인선의 문화탐색] '작은 집을 넓게 쓰는 두 가지'(2019.2.21)로 게재되었음.

2018 한국건축문화대상 우수상에 은혜공동체 협동조합주택, 47명의 '사회적 대가족' 품은 협동주택

은혜공동체 협동조합주택을 설명하기에 공유주택이라는 표현은 부족하다. 경제적인 이유 그리고 타인과 일정 부분 접점을 갖기 위해 사람들은 공유주택을 찾지만 이 주택은 이질적 개인들의 공유 공간을 넘어서 결속력이 강한 공동체를 위한 공간이다.

은혜공동체는 구심점인 박민수 목사를 중심으로 부족이라는 독특한 가족 형식을 10년 동안 실험해 왔다. 총 47명, 14가족 그리고 4개의 '부족'이 입주를 결정했으며 맞춤형으로 집이 지어졌다. 사회적 가족개념인 부족은 혈연가족과 독신의 조합으로 구성돼 있다. (2018.11.13, 서울경제)

은혜공동체 협동조합주택의 구성, 14 '가족', 4개 '부족' 47명이 산다.

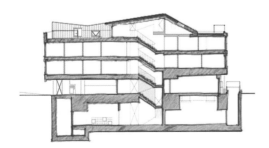

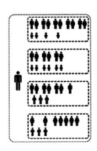

적외선으로 사람 움직임을 보는 기술을 이용하여 주택 공간 이용도를 조사한 흥미로운 연구가 있다. 30평 정도에 사는 4인 가구 거주자 동선을 추적한 결과 고작 20%만 쓰고 있음을 알았다. 미국의 평균 주거 면적은 1950년대에 비해 3배로 늘었음에도 여전히 집이 좁다고 여긴다는 보고도 있다. 왜일까? 집을 물건에 빼앗겼기 때문이다. 감당 못 할 만큼 사들이고 물건이 선심 쓴 공간에 맞추어 주인인 사람이 부대끼며 사는 민망한 일이 벌어지고 있다.

우선 옷과 관련된 면적부터 살펴보자. 드레스 룸, 옷장, 서랍장, 행거, 트렁크, 세탁기, 빨래 건조대. 반씩으로만 줄여도 집은 확 넓어질 것이다. 그러나 말이 쉽지 누가 옷을 포기하겠는가? 옷은 정체성이자 추억이며 종종 행복의 원천인 것을.

행복의 으뜸은 그중에도 새 옷. 이를 알고 최근 의류 산업은 '고속유행(Fast Fashion)'의 전략을 취한다. 유명 브랜드들이 매주 재고를 (남이 못 입도록) 가위로 잘라 폐기하는 것은 공공연한 비밀이다.[54] 이제 4개 계절 시즌은 연중 52시즌이 된다.

빠른 진부화가 절실하기는 가전기기도 마찬가지. 1990년대 대우 냉장고 이름은 '탱크', 고장 없이 오래 쓸 수 있다는 뜻이다. 요새 그런 이름 붙이면 바로 퇴출이다. S사 냉장고 새 시리즈명은 '셰프 컬렉션', 시의와 감성에 맞추어 늘 새 브랜딩을 해야 살아남는다.

가구 역시 생활 필요 물품 취급을 하면 섭섭해한다. '이케아' 홈페이지의 머리글은 이렇다. "작은 변화가 큰

54
전 세계 폐수의 20%, 온실가스의 10%가 옷을 만들고 버리는 과정에서 생겨난다. 유럽은 인당 매년 12kg의 섬유 폐기물을 버리는데 한국 역시 미국, 중국 등과 함께 의류 쓰레기를 가장 많이 수출하는 나라 5개국이다. 이렇게 버려진 옷은 아프리카로 간다. 가나의 수도 아크라에는 세계 최대 중고 의류 시장 칸타만토 마켓이 있다. 태워도 끝이 없어 바다까지 메울 정도.

행복을 만듭니다." 이 매장은 작은 변화를 자주 구매하여 행복해지려는 고객들로 늘 붐빈다.

왜 현대인들은 이토록 물건을 갈망하게 되었을까? "본디 보살핌을 원하는 인간 본성이 현대에 이르러 인간에서 물건으로 그 대상을 옮겼기 때문"이라고 심리학자 게일 스테케티는 설명한다. "무한한 유통을 사명으로 삼는 자본주의가 후기에 들어 새로운 식민지로 '소비자=노동자'를 찾은 것"이라는 지그문트 바우만의 파악도 섬뜩하다.

원인이 무엇이든 소비를 통한 행복 추구는 지금 가진 것에 대한 불만족이 이유이므로 영원히 충족될 수 없다는 것이 핵심이다. 마치 탄탈로스의 목마름 같이.

'물건 캐슬'에서 탈출하는 첫 번째 방법은 적은 소유를 실천하는 거다. 2010년경 미국에서 시작해 세계적으로 급속히 늘고 있는 미니멀리스트는 "자신에게 진짜 중요하고 의미 있는 것을 위해 물건을 줄여가는 사람"을 뜻한다(사사키 후미오). 이들은 물건을 버릴수록 집중력이 높아지며 자신의 욕망을 오히려 관조할 수 있게 되었다고 말한다.

집도 마찬가지다. 작은 집으로 옮기면 잡동사니, 걱정거리와 빚이 준다. 가사 도우미, 정원사 찾을 일은 물론 넓은 방이 허전해서 백화점을 헤맬 필요도 없어진다. 반면 의미와 시간, 관계는 늘어난다. 마실 나온 아낙들과 아이들이 복작대는 골목길을 아파트 단지의 썰렁한 외부공간과 비교해 보면 금방 안다. "좋은 길은 좁을수록 좋고 나쁜 길은 넓을수록 좋다"라고 김수근은 갈파했다.[55]

한 세기 전 모더니스트가 외쳤던 'Less is More'가 덜 장식적이어야 더 아름답다는 건축미학적 언설이었다면 이제 미니멀리스트에게는 덜 가져야 더 풍부한 삶을 얻는다는 뜻이 된다.

그렇다고 모든 이가 수도승처럼 살 수는 없을 터. 작은 집을 크게 쓰는 또 하나의 방법은 함께 쓰기다. 도봉산 안골에 있는 '은혜공동체 협동조합주택'에는 4부족 14가구 47명이 산다. '부족'은 이 공동체가 10년 전부터 실험해 온 사회적 대가족의 이름이다. 거의 2~4인 가족의 결합이지만 독신 여성들과 청소년으로 구성된 부족도 있다.

부족별로 공동 주방과 거실을 가진다. 살림 도구를 공유함으로 넓은 공간도 얻으면서 자기 부족의 정체성을 표현하는 장소도 된다. 전체가 모여 공연이나 파티를 할 수 있는 널찍한 홀과 옥상정원도 이 집만이 누리는 호사이지만 침실을 제외한 모든 공간이 열려있기에 300평 전체가 내 집이 된다. 애들에게 가장 인기 있는 곳은? 군대 내무반같이 떼로 잘 수 있는 복도.

두 방식 모두 인류학에서 보고된 바 있는 오래된 지혜다. 미니멀리스트는 '브리콜레르'의 후예다. 레비 스트로스가 〈야생의 사고〉에서 개념화한, 만능의 손재주로 자원의 결핍을 이기는 부족의 해결사를 뜻한다. 거실, 응접실, 서재, 침실, 다실을 따로 갖춘 이보다 원룸에서 이 기능을 두루 해결하는 사람이 훨씬 창의적으로 살 가능성이 높다.

은혜공동체 협동조합주택, 아이들의 가장 좋아하는 공간은 모여서 잘 수 있는 긴 복도이다. (사진 은혜공동체)

55
건축가들이 골목길을 예찬하는 것은 복고적 취미 때문이 아니다. 전통 주거지 골목길은 망식 (web, lattice) 구조인데 반해 아파트 단지는 '단지 입구 - 주동 - 주호 입구'로 단선적인 나뭇가지 (tree) 구조다. 당연히 골목에서 마주침의 빈도가 높아 서로 친해진다. 게다가 길과 집이 붙어 있는 골목은 다양한 삶의 장소도 된다. 애들 놀이터, 공동 김장터, 평상이라도 놓이면 공동 식당까지 된다.

공유 공간은 일종의 공간 '포틀래치(Potlatch)'라 볼 수 있다. 원래 '포틀래치'는 존경 이외에는 어떤 대가도 원치 않는 호혜적 공여를 뜻하지만 축의금이 그렇듯 언젠가는 보답받는 것이기도 하다. 달동네에서는 예컨대 손님이 오면 이웃집의 이불과 밥상을 빌려온다. 쓰는 물건의 반이 남의 집에 있으니 그만큼의 내 공간은 절약되는 셈이다.

건축가 렘 쿨하스의 말마따나 이 시대 "모든 건축은 쇼핑센터가 되었다." 과거 공공공간이 제공하던 문화도 이제는 쇼핑몰 안으로 편입되어 물건중독에 '자발적'으로 빠져들게 하는 촉매 역할을 한다. 강남의 아파트는 효용 가치에 더해 '위신자본' 값이 붙어 동시대 사람들을 불편하게 한다.

우리의 집 문제는 이미 정치, 경제 논리와 대책만으로는 풀리지 않을 문화적 사안이 되었다는 얘기다. 해결 또한 '대안 문화' 말고는 없다. 작은 집의 미학과 공유 공간의 미덕을 다시금 소중하게 들여다보아야 할 이유이기도 하다.

지금은

"나는 커뮤니티를 만들기 위해 주택을 만든다"

"판교 하우징은 총 100가구의 공동 주거 시설로 9~11가구를 하나의 그룹으로 만들고 가운데 공유하는 코먼(common·공동) 덱을 뒀다. 현관이 통유리로, 안이 보인다. 이 공간을 카페로 운영하는 분도 있었다. 공간이 공유되지 않으면 커뮤니티가 만들어지지 않는다. 나는 커뮤니티를 만들기 위해 주택을 만든다. 투자 수단의 집을 만들어선 안 된다." (2024.4.17, 조선일보 "야마모토 리켄 인터뷰")

필자가 은혜공동체 협동조합주택을 처음 본 것은 제36회 서울시 건축상의 심사위원으로서다. 대상 수상작이 워낙 파격적인 건축 언어를 구사하여 아깝게 최우수상에 그쳤지만 심사위원 모두 마지막까지 고민하게 만든 건축적 성취였다. 특히 네 개 부족의 공간을 반층 씩 엇갈리게 배치하여(skip floor) 열리면서 닫혀있게 만든 솜씨는 이 집의 백미라고 할 수 있겠다.

이 공동주택은 집주인들 자체가 커다란 식구여서 이 공간이 자연스럽지만 일반 아파트 중에도 이런 공용공간을 꾸미면서 사는 곳이 제법 있다. 어떤 저층 서민 아파트는 계단실을 공유하는 모든 세대의 현관문을 다 열어놓고 지낸다. 아이들이 이집 저집 뛰어다니며 놀고 밥 먹으며 드나들라고 취한 방법이다. 이때 계단실은 내 집의 연장 공간, 수직화된 골목이 된다.

올해 프리츠커상을 수상한 일본의 리켄 야마모토 선생은 공동주택

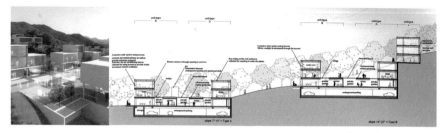

의 공동체성을 높이는 공간을 평생 집요하게 연구해 온
건축가다. 작품 중 주방을 복도에 붙여 설계한 아파트
가 있다. 복도를 오가는 이웃이 "오늘 저녁으로는 뭘 하슈?"라고 묻
도록 만든 것이다.

필자와 공동으로 작업한 판교 타운하우스에서는 한 세대가 3개 층
을 가지게 한 다음 1층을 유리로 만들었다. 역시 지나가는 이웃이 들
여다보며 "오늘은 그림을 그리시네요"라고 참견하도록 만든 장치다.

그는 이 유리 공간을 '敷居(shikii, 문지방)'라 불렀다. 경계인데 선이
아니라 면이 되고 그리하여 나와 이웃이 공유하는 공간이 된다. 프라
이버시를 침해한다고 처음에는 아우성이었으나 이 양반은 고집을 굽
히지 않았다. 오히려 2020년 주민들은 건축가를 초청해 좋은 집에 대
한 감사를 표했다.

공동체성은 집을 그냥 모아 놓아서 생기는 것이 아니다. 이웃이 침
투할 여지를 만들어줄 때, 적절하게 프라이버시를 희생할 때 비로소
생긴다. 목욕탕에 가거나 술을 마셔 흐트러질 때 동료의식이 생기는
이치다.

이웃과의 마주침이 최소화되도록 설계된 단지와 복도와 계단실이

사라지는 고급 아파트보다는 저층 서민 아파트이지만 이웃에 문 열고 사는 사람들이 덜 외롭다. 물건을 사서 쟁여놓아 풍요로울 것 같지만 갈수록 허허해지는 것과 같은 역설이다.

일본은 어떻게 프리츠커상의 단골이 되었나?

이 글은 중앙일보 [함인선의 문화탐색] '일본은 어떻게 프리츠커상의 단골이 되었나?'(2019.3.21)로 게재되었음.

건축계 '노벨상' 프리츠커 올해 수상자는 일본 거장 이소자키 아라타

상을 주관해온 미국 하얏트 재단은 5일 건축가이자 도시계획가·미술가인 이소자키를 2019년 수상자로 선정했다고 발표했다. 재단의 선정위원회는 "건축사와 이론에 대한 심오한 지식을 갖고, 아방가르드를 포용했다. 그의 건물에 반영된 의미 있는 건축에 대한 탐색은 오늘날까지 끊임없이 진화하고 있고 항상 신선하다"라고 수상 사유를 설명했다.

이소자키는 프리츠커상이 1979년 제정된 이래 46번째 수상자이며, 일본인 건축가로는 여덟 번째다. 일본은 역시 8명이 상을 받은 미국과 더불어 프리츠커상 역대 최다수상국이 됐다. (2019.3.6, 한겨레신문)

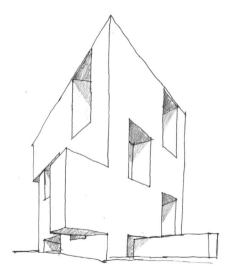

2016년도 프리츠커 수상자인 알레한드로 아라베나의 대표작인 Anacleto Angelini Innovation Center, 소득이 생기면 비어있는 곳을 채워 추가적인 주거 공간을 얻도록 한다.

해마다 3월이 되면 세계건축계는 프리츠커상 때문에 술렁인다. 1979년에 시작해 최고 권위를 획득한 이 상의 올해 주인공은 일본의 건축가 이소자키 아라타다. 일본은 8번인 미국에 이어 벌써 7번째 수상자(팀)를 탄생시켰다. 역대 수상자를 하나라도 낸 나라는 19개국이고 영국 4명, 프랑스, 이탈리아, 독일, 스위스, 스페인, 포르투갈, 브라질에 각 2명씩이 있다.

흥미로운 것은 미국이 초기 12년간 무려 7명인 반면 일본은 2010년대에만 넷으로 최근 이 상의 단골이 되고 있다는 점이다. 수천 년 서양 건축이 본류인 현대 건축에서조차 일본이 선두에 선 것은 근대화와 근대건축이 서구만큼 일찍 뿌리내렸다는 역사만으로는 설명이 안 된다.

특유의 장인정신 덕이라 하면 독일, 이탈리아 또한 서운할 것이고 경제력에 기댄 네트워크나 이국취미(exoticism)를 이유로 삼는 것도 좀 치사스럽다. 축구도 아닌데 그냥 쿨하게 인정하자. 일본의 건축은 이미 세계적이기를 넘어 세계 최고의 경지다.

오히려 궁금한 것은 그게 언제부터인가다. 1987년과 1993년은 '공로상'에 가깝다. 당시 경제적 위상을 생각하면 일본 건축의 대부인 단게 겐조와 하버드 출신에 미국에서 주로 활동한 후미히코 마키에게 상이 간 것은 그럴만하다. 1995년 권투 선수 출신인 독학 건축가 안도 타다오가 받자 일본 건축 아카데미즘을 한 방 먹인 것이라는 얘기도 나왔다.[56]

안도를 세계 건축계에 소개한 이는 저명한 건축사학

56
안도 타다오는 오사카 변두리 고졸 출신이다. 일본 건축계의 전통 명문인 도쿄대 건축과 출신들에 앞서 프리츠커상을 수상한 것은 충격이었다. 그는 1987년 예일대를 시작으로 컬럼비아대, 하바드대 교수를 거쳐 1997년에는 도쿄대 교수가 된다.

자 케네스 프램튼이다. 모더니즘의 해방적 성격과 지역 전통의 재해석을 결합한, 이른바 '비판적 지역주의'로 자본주의 건축의 폐해를 넘을 수 있다고 보는 그는 안도를 예로 든다. 안도는 엄격한 기하학을 쓰되 자연과 불이(不二)의 관계를 맺게 하고 노출 콘크리트를 사용하되 일본 특유의 맑고 투명한 전통공간을 재현한다.

적어도 1990년대까지, 가장 일본적이어서 세계적이 된 안도를 제외한 일본 건축은 서구건축의 그저 그런 아류였다.[57] 화려하고 고급진 건물은 많았으되 간사이공항, 도쿄포럼 등의 랜드마크는 렌조 피아노나 라파엘 비뇰리 같은 외국 건축가 차지였고 민간 건물에서도 유럽 세가 토종을 눌렀다.

그런데 이후 2010년 사이 무슨 일이 있었던 것인가? 바로 '잃어버린 20년'이 있었다. 거품경제가 꺼지고 침체 된 이 기간에 일본 사회는 건축에서 기름기를 빼냈고 건축가들은 칼을 벼렸다.

미켈란젤로가 말한바 '잉여의 정화'가 이루어진 것이다. 풍요롭던 80년대가 아니라 궁핍한 시기에 오히려 가치 높은 작품들이 지어져 지금의 일본 건축 전성기를 구가하게 된 것이니 아이러니라고 해야 하나?

천만에, 예술성의 근원인 아방가르디즘은 본디 가난을 먹고 사는 법, 물질적 넉넉함은 오히려 날을 무디게 한다. 근대건축의 아방가르드 정신이 종국에는 자본주의의 효율성과 참신성을 선전하는 기계 미학으로 제도화된 경우가 대표적인 사례다.[58]

또 하나, 이 기간 일본 건축가들은 적극적으로 사회

57
2013년 수상자 토요 이토만 해도 2000년도까지의 그의 작품은 전혀 주목할 만한 구석이 없는 평범한 건축이었다. 그러나 2000년도 무렵 세계적인 구조디자이너 세실 바몬드와 협업을 시작하며 센다이 미디어테크 등 차원이 다른 작품들을 내놓는다.

본디 전위적 예술로서 체제 저항적이었던 모더니즘 건축은 1920년대부터 새로운 자본가들의 애호 받는 건축 스타일로 변모한다. 실용성과 효율성 그리고 새로운 미학을 원하는 새 자본가들에게 철과 유리로 매끈하게 처리된 근대주의적 건축은 최적의 스타일이었다. 이른바 국제주의 양식이 되어 1970년대까지 세계 모든 건축물의 전범이 된다.

참여를 해왔다. 프리츠커상은 작품의 우수성은 물론 인류에 대한 공헌을 선정의 기준으로 삼는다고 표방한다. 실제 최근 이 경향은 더 두드러진다.

반 시게루(2014년, 일본)는 1994년 르완다 내전 난민을 위해 종이로 된 임시거처를 지은 이후 전 세계 재난현장을 돌면서 종이 건축을 제공한 건축가다.

알레한드로 아라베나(2016년, 칠레)의 대표작인 이키케 빈민 주택은 모자라는 정부지원금으로 절반만 짓고 나머지는 주민들이 자조적(self-help) 방식으로 짓게 한다. 발크리시나 도시(2018, 인도) 또한 도시빈민 주택으로 모범을 보인 건축가다.

독창적 구조미로 유명한 토요 이토(2013년, 일본)도 결정적인 수상 이유가 된 것은 동일본 지진 당시 떠내려온 통나무 몇 개로 만든 소박한 이재민 쉼터였다.

시대와 사회의 수준이 그대로 건축에 반영되는 것은 건축이 주문생산이기 때문이다. "세계 최고층 건물을 시공한 우리나라에서 왜 프리츠커상을 못 받느냐"는 우문에는 "아직 그런 것을 좋은 건축이라고 생각하고 계셔서"가 현답이다.

건축주들이 여전히 높고 크고 수다스러운 것이 좋다고 여기고 건축을 부동산이자 과시 용품으로 취급하는 사회라면 '건설'은 있을지언정 '건축'은 아직 도착하지 않았다.

지금은

일본은 안 된다는 프리츠커상 해외연수

국토부가 '건축계의 노벨상'으로 불리는 프리츠커 수상 프로젝트를 시작한다. 명칭은 '넥스트 프리츠커 프로젝트(이하 NPP사업)'. 청년 건축가 30인을 선발해 해외 유수의 설계사무소에서 선진 설계기법을 배울 수 있도록 1인당 최대 3000만 원의 연수비를 지원하는 사업이다. (2019.6.1, 경향신문)

이 글을 쓴 이후 국토부가 내놓은 코미디 같은 프로젝트다. 이 정책을 입안한 한심한 관료는 우리나라에서 프리츠커 수상자가 나오지 않는 이유가 해외 경험이 없어서인 줄 안다. 그리고 3,000만 원이면 뚝딱 건축 해외연수가 되는 줄 알고 있다. 이게 말이 되는지 2019년 이후 수상자들을 한번 보자.

2020년 이본 패럴, 셸리 맥너마라(아일랜드), 2021년 안 라카통, 장 필리프 바살(프랑스령 모로코), 2022년 디베도 프란시스 케레(부르키나파소/독일), 2023년 데이비드 치퍼필드(영국), 2024년 야마모토 리켄(일본).

케레는 독일에 개발원조 견습생으로 갔다가 학교를 마치고 귀국해 활동한 경우지만 나머지는 모두 자국에서 공부하고 자국에서의 오랜 작업으로 인정받았다. 올해의 야마모토 리켄도 니혼대 졸업 이후 일본을 벗어난 적이 없다.

바로 정부 당국의 이러한 건축 무지 때문에 아직 수상자가 없는 것이다. 가장 웃기는 대목이 하나 더 남았다. 젊은 건축가 한 사람이 연수를 일본의 시게루 반 사무실로 가겠다고 신청 했더니 거절당했다

1999년 새로 리모델링한 독일 연방의회 의사당 준공식 날, 건축가 노만 포스터가 독일 국회의장 볼프강 티에제에게 열쇠를 넘기고 있다(turn-key). 행사 후 엘리자베스 2세에게 건물을 안내하고 있다.
사진(위) © Ronald Siemoneit/Sygma via Getty Images/게티이미지코리아
사진(아래) © PA Images via Getty Images/게티이미지코리아

한다. '국민감정' 때문이란다.

우리와 비교할 만한 에피소드 하나. 1992년 다시 통일 독일의 수도가 된 베를린에서 폐허가 된 국회의사당 리모델링을 위한 공모전이 열린다. 58개국 830여 개의 안 중에서 영국의 건축가 노만 포스터가 당선되었다. 그 건물을 공습해 파괴한 나라의 건축가를 뽑은 것이다.

1999년 이 건물의 준공식 날, 하이라이트는 건축가 노만 포스터가 독일 국회의장 볼프강 티에제에게 열쇠를 넘기는(turn-key) 행사. 이후 그는 같이 방문한 엘리자베스 2세 등에게 건물을 설명한다. 국토부 관리 말대로라면 독일은 '국민감정'이 없는 것이겠다.

2024년 다시 일본이다. 이로써 일본은 9명, 단독 1위다. 언론에서는 이 상을 건축계의 노벨상이라 표현하는데 노벨상만큼이나 우리와 일본의 격차는 천양지차다. 노벨상 격차는 당장 써먹을 응용 학문에만 투자를 해서라는데 프리츠커상도 이유는 같다.

건축을 땅과 공간에서 어떻게 살아야 하느냐를 고민하는 인문학으로 보는 것이 아니라 빌딩을 만드는 기술쯤으로 여기기 때문이다. 정 프리츠커상을 원하면 국토부는 프랑스처럼 건축을 문체부로 넘기시라. 국(局)도 구성하지 못하고 있는 건축 관련 공무원들도 같은 생각일 것이다.

김정은 남매의 '표상으로서의 건축'

이 글은 국민일보 기고 '김정은 남매의 '표상으로서의 건축''(2020.7.7)으로 게재되었음.

북한, 개성 연락사무소 폭파…김여정 경고 사흘 만에 실행

북한이 16일 오후 2시 49분 개성 남북공동연락사무소를 폭파했다고 통일부가 밝혔다. 2018년 4월 27일 남북 정상이 합의한 판문점 선언에 따라 그해 9월 개성에 문을 연 연락사무소는 개소한 지 불과 19개월 만에 사라졌다. 앞서 김여정 북한 노동당 제1부부장은 13일 발표한 담화에서 '다음 대적 행동' 행사권을 인민군 총참모부에 넘긴다면서 "머지않아 쓸모없는 북남(남북)공동연락사무소가 형체도 없이 무너지는 비참한 광경을 보게 될 것"이라고 예고했다. (2020.6.16, 서울신문)

WTC 붕괴의 과정, 테러범들은 건물 붕괴를 목표로 파괴공학의 이론을 사용했다.

  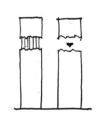 

1. 연료를 가득 채운 비행기와 튜블러 시스템 건물의 선택
2. 날개 손상 없이 비행기 진입, 1시간 화재
3. 바닥, 기둥의 용융, 상층부의 자유 낙하
4. 충격 하중에 의한 건물 하부 붕괴

사각형 구조물은 관절(hinge)
이 세 개일 때까지는 버티지만
4개가 되는 순간 저절로 평행
사변형이 되면서 붕괴된다. 폭
파공법은 이 원리를 이용한
다. 기둥에 구멍을 뚫고 폭약
을 넣어 터뜨리면 콘크리트가
깨지고 철근만 남으면서 관절
이 된다. 적절한 순서로 관절
들을 만들면 건물은 주저앉게
된다.

지난 16일의 남북 공동연락사무소 폭파는 공학적으로만 보면 대실패다. 김여정이 "형체도 없이 무너질 것"이라 했으나 머쓱하게도 4층짜리 골조는 멀쩡히 남았다. 폭파로 건물을 해체하는 것은 말처럼 쉽지 않다. 역설계(逆設計)를 통해 구조의 특이점을 찾아 소량의 폭약을 써서 부러뜨려야 한다. 마디들이 순차적으로 관절(hinge)이 되면 건물 자중에 의해 오롯이 주저앉는다.[59]

9.11 테러 때 월드트레이드센터는 1시간여 화재로 철골이 녹아 관절이 되면서 붕괴했다. 108층짜리를 무너뜨릴 만한 화재를 위해 테러범들은 연료를 가득 실은 장거리 노선 비행기를 납치했다.

또 상징성도 있으면서 연료 탱크인 날개가 손상 없이 뚫고 들어 갈만큼 가늘고 촘촘한 기둥을 가진 이 건물을 택하는 주도면밀함을 보였다.

이번 사건은 북한이 핵이나 로켓 같은 군사공학(military engineering)에는 능숙하되 정작 폭파해체공법 같은 민간공학(civil engineering)에는 젬병임을 만천하에 드러낸 해프닝일 수도 있다. 구소련이 그랬다. 반면 폭발 퍼포먼스를 통해 울화를 터뜨릴 요량이었다면 소기의 성과는 거두었다 보인다. 진부하고 유치한 수법이기는 하지만. 옆 건물 유리창까지 박살 내는 스펙터클은 나름대로 효과가 있었다.

전쟁터에서 승리의 시점은 적의 군기(軍旗)를 빼앗는 순간이다. 한

갓 헝겊이던 깃발이 군대의 의지가 서린 표상 (Vorstellung)이 되기 때문이다. 개선문이나 궁전, 대성당, 바로크식 도시처럼 건축도 훌륭한 표상의 도구가 된다. 살아서도 그렇지만 건축은 죽을 때 더 드라마틱한 표상이 된다.

건조물 파괴를 통한 표상은 한 시대를 풍미했던 담론이나 헤게모니 몰락의 시점에 종종 등장한다. 1945년 4월 22일 연합군은 나치 당대회장이던 뉘른베르크 제펠린 스타디움의 卐 문양 탑을 폭파하는 영상을 통해 승전을 세계에 알렸다. 2001년 무너지는 쌍둥이 빌딩의 모습은 미국의 심장부도 공격당할 수 있다는 공포심의 원천이 된다.

1945년 나치당 대회장이었던 뉘른베르크 제펠린 스타디움의 卐 문양 탑 폭파

'근대건축'이 죽은 시간을 아시는가? 건축평론가 찰스 젱크스는 "1972년 7월 15일 오후 3시 22분"이라 말한다. 합리성에 바탕 둔 근대건축 이론으로 지어졌으나 결국 슬럼으로 변한 세인트루이스의 '프루이트-이고' 아파트 단지가 폭파공법으로 철거된 시간이다.

우리나라에서도 남산 외인아파트가 폭파 철거된 1994년 11월 20일을 남산의 주권을 회복한 날로 기록한다. 조선총독부였던 중앙청을 철거하는 1995년 8월 15일, 폭파 대신 사람으로 치면 상투에 해당하는 중앙 돔의 랜턴을 쇠톱으로 잘랐다.

애먼 건물에 대한 이번 폭파쇼는 저들 표현대로 "북남 관계 총파산"의 몸짓이자 새 2인자 권력의 등장을 알리려는 표상이다. 한편으

이런 경향은 북한과 체제 경
쟁을 하던 70년대 이후 우리
나라 공공건축물에서 나타난
다. 경복궁 내 민속박물관, 천
안 독립기념관, 청와대 신 본
관 및 관저 등이 대표적이다.

로는 파쇼 권력들이 건축을 선전의 도구로 어떻게 사용
하는지를 새삼 일깨우는 사건이기도 하다.

앞선 세기 히틀러, 무솔리니는 물론 반대 진영의 스탈
린도 그리스 로마식 고전주의를 차용한 복고풍의 건축
을 애호했다. 그들에게 건축은 자신들의 정통성을 부여
해주는 이데올로기 역할로 쓰였다.

북한의 금수산 궁전이 신고전주의 풍이고 인민 대학
습장은 청기와를 얹은 절충주의 건축인 것도 이것의 연
장선이다.[60] 작년 10월 금강산 관광지구 시설을 둘러본
김정은 위원장은 "민족성은 전혀 찾아볼 수 없는 범벅
식이고 너절한 남측 시설들을 싹 들어내고 우리식으로
새로 건설해야 한다."고 했다. 남매가 '표상으로서의 건
축'을 통해 남쪽에 대한 적개심과 자기 우월성을 표현한
셈이다.

표상에서 비표상으로 넘어가면서 근대미술이 탄생했다. 예컨대 몬
드리안의 그림을 보며 '무엇'을 그린 것이냐고 묻지 않는다. 이는 근
대건축도 마찬가지다. 그런데 북쪽에서는 아직 건축을 표상으로 여
기고 있다.

이쪽이라 해서 크게 다르지 않다. 여전히 적지 않은 지자체장들이
현대식 청사설계에 기와 지붕을 주문한다. 현대는커녕 중세와 근대
사이 어디쯤 머물고 있는 한반도 건축의 '웃픈' 풍경이다.

지금은

'내 청사'를 위한 왜색 타령

청주시는 시청사 신축의 대대적인 국제현상공모를 개최했다. 기념비적인 알렉산드리아 도서관을 설계했던 노르웨이 건축가 집단의 제안이 당선되었다. 그런데 익숙한 풍경이 벌어졌다. 새로 당선된 지자체장이 사업 백지화를 선언한 것이다.

보존하기로 했던 기존 청주시 청사 철거를 전제로 사업을 처음부터 다시 시작하겠다고 했다. 익숙하고도 진부한 근거가 제시되었다. 건물이 낡아 안전상 문제가 있고 왜색 건물이라는 주장이다. (2023.1.5, 중앙일보, 중앙시평, 서현)

'표상으로서의 건축'을 다시 떠올리게 만드는 사건이 얼마 전 건축계를 뒤집어 놓았다. 국제 설계 공모를 통해 작품을 선정하고 설계도 거의 끝나 이미 100억 원여 예산도 집행했는데 새로 뽑힌 시장이 이를 폐기한 '청주시 청사 사건'이다. 여러 이유를 대지만 핵심은 보존하기로 한 옛 청사가 왜색이라는 것이다.

이는 억지다. 이미 문화재청이 문화재적 가치가 높다며 '보존 가치 1등급'으로 분류하고 2015년, 2017년 두 차례 청주시에 문화재 등록을 권고했다. 한국내셔널트러스트도 2018년 '지켜야 할 자연·문화유산'으로 정했으며 이에 따라 청주시 청사건립 특별위원회가 본관 보존을 결정한 바 있다.

이에 따라 ㄷ자로 본관을 둘러싼 근래 보기 힘든 뛰어난 작품이 선정되었고 실시 설계가 마무리되었다. 이를 새로 뽑힌 시장이 뒤집은

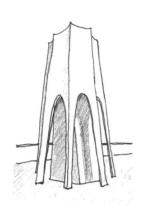

청주시 청사 본관 옥탑 조형물,
후지산을 닮았단다. 킬리만자
로산이라면 괜찮은가?

것인데 그 속내를 알 사람은 다 안다. 전임 시장의 업적이 자기 임기 중에 세워지는 게 싫은 것이고 새로운 표상은 내가 만들고 싶은 거다. 그리하여 폐기의 명분으로 내세우는 것이 근거도 빈약한 왜색 타령이다. 새 시장은 "일본에서 공부한 설계자가 일본 건축가의 영향을 받아 옥탑은 후지산, 로비 천장은 욱일기, 난간은 일본 전통 양식을 모방해 건축했다는 주장이 설득력 있다"고 말했다.

이에 한국건축역사학회는 성명을 내어 "청주시청 본관은 청주의 옛 이름 주성(舟城)에 착안해 배 모양을 은유적으로 표현했다는 것이 건축 전문가들의 일반적 견해다. 왜색 주장은 억지이며, 철거는 비문화적 행정"이라고 꼬집었다.

참담할 만큼 수준 낮은 시장이다. 한때 하늘에서 보면 중앙청은 일(日)자, 시청은 본(本)자 처럼 생겼다고 주장하는 넋 나간 사람들이 있었다. 모든 르네상스식 건물이 그렇다는 것은 모르면서 읽고 싶은 대로 보는 사람들이다.

제발 공부 좀 하시라. 후지산이 아니라 (똑같이 생긴) 킬리만자로산을 모방한 것이라 하면 뭐라 우기시려나?

건물·건설과 건축은 다르다

1. 건물과 건축: 건물은 일하고 건축은 말한다

'건물과 건축은 무엇이 다른가?' 필자가 매 학기 초 설계 수업을 시작하면서 학생들에게 던지는 질문이다. '건물은 기능적이고 건축은 예술적이다.', '건축은 건물의 부분 집합이다.', '건축은 잡지와 역사책에 실리는 것이다.' 등등 다 맞는 얘기이지만 원하는 답은 이것이다. '건물은 일하고 건축은 말한다 (Building Work, Architecture Speak)'. 그러면서 보여주는 것이 안도 타다오의 데뷔작인 '스미요시 주택(1976)'이다.

오사카 노동자 주택 지구에 전면이 3m도 안 되는 땅, 콘크리트 벽에 무심한 구멍 하나 있는 것이 이 집의 얼굴이다. 불친절하기 짝이 없다. 내부는 더하다. 좁고 긴 대지 한가운데 중정을 만들어 그렇지 않아도 좁은 집을 두 토막 냈다.

주방에서 거실로 가려면 신발을 신어야 하고 안방에

안도 타다오의 '스미요시 주택 (1976)', 도로변 모습과 단면

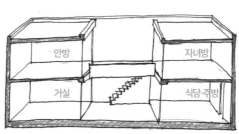

더구나 단열재 없이 노출콘크
리트만으로 지어 여름에는 덥
고 겨울에는 춥다.

서 애들 방을 가려면 비를 맞아야 한다.[61] 어느 건축상에
출품했으나 낙선했다. 심사위원 중 하나는 "이런 집에
서 사는 사람에게 오히려 상을 주어야 한다."라고 했다.

그런데 어떻게 이 집으로 안도는 세계의 주목을 받
게 되었을까? 이 남루한 건축을 통해 현대 주택이 잊고
있던 집의 가치를 그가 일깨워 주었기 때문이다. 이 집
은 말한다. '좁은 집에서도 하늘을 보고 살아야 한다.'
'비가 오면 비를 맞을 수도 있는 것이 집이다.' '거리를
내다 보는 것보다 가족끼리 서로 마주 보는 것이 중요
하다.'

62
'현대건축 5원칙'은 1. 필로티
(Pilotis) 2. 옥상 정원(Roof
garden) 3. 자유로운 파사드
(Free facade) 4. 자유로운 평
면(Free plan) 5. 가로로 긴 창
(Horizontal Window)이다.

자연과 하나가 되고 가족이 서로 간에 벽 없이 살았던
전통 주거의 미덕을 현대적 기법으로 녹여낸 것이 이 집
이다.

건축은 사용자의 요구사항과 편리함에 '봉사하는 역할(Work)' 그
이상을 하는 것이다. 건축은 건축가의 철학을 건물에 투사하여 당대
에 '발언하는 것(Speak)'이다. 집이 주택이라는 빌딩 타입을 넘어서 건
축이 되기 위해서는 주거생활에 필요한 공간과 장치를 갖추는 차원
을 넘어 '집에서 산다는 것'에 대한 통찰과 입장을 드러내야 한다는
뜻이다.

한 세기 전 르 코르뷔지에는 '빌라 사보아(1928)'라는 주택을 통해
현대의 건축이 어떠해야 함을 선언했다. 이른바 '현대건축의 5원칙'[62]
이다. 필로티를 통해 비워진 1층은 건물과 외부가 섞이는 전이 공간
이 되어 자동차 등을 수납할 수 있다.

벽은 이제 중력으로부터 해방되어 공중에 떠있거나 가로로 길게 찢어진 창을 가질 수 있게 되어 실내와 외부공간을 반투명한 관계로 만든다. 종래대로 방으로 구획되는 방식이 아니라 공간이 흘러 다님으로써 자유롭고 열린 쓰임새를 얻는다. 현대적 삶에 맞는 현대적 건축에 대한 헌장이다.

역시 프리츠커 수상자인 니시자와 류에가 설계한 '모리야마 주택(2005)'도 살펴보자. 의뢰인인 모리야마 씨는 막 모친을 여위었다. 그에게 건축가는 "당신은 숲에 살아야 한다."라는 처방을 내린다. 과연 숲의 나무처럼 흩뿌려진 10개의 큐브로 된 공동주택이 제공된다.[63] 여러 주호를 그러모아 한 덩어리로 만드는 것이 보통의 방법일 터, 건축가는 이를 조각내어 땅에 뿌렸다.

더 놀라운 것은 큐브 하나가 한 주호가 아니라 기능이 다르다는 점이다. 거실, 침실 큐브가 있는가 하면 마루 큐브, 목욕탕 큐브도 있다. 사는 사람들은 큐브를 옮겨 다니며 '가족'이 될 수밖에 없을 터이다. 빌라를 지어 301호에 살았으면 누리지 못했을 공동체를 모리

63
반은 주인 것이고 반은 임대용이다. 큰 건물 하나로 하지 않은 것은 주변에 작은 규모의 주택이 많다는 것을 고려해서이기도 하다.

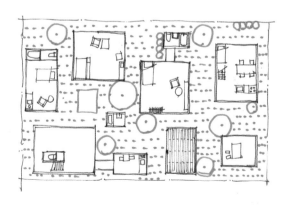

니시자와 류에가 설계한 '모리야마 주택(2005)'

야마 씨는 덕분에 얻었다.

이 세 주택의 공통점은 무엇일까? 건축가가 의사 노릇을 하고 있다는 점이다. 집에서는 하늘을 보아야 한다는 안도 타다오, 방을 해체한 공간을 제시하는 르 코르뷔지에, 이웃과 공유할 수밖에 없는 집을 처방한 니시자와 류에, 이 건축가들은 의뢰인에게 사는 도구로서의 집뿐만 아니라 집으로 제대로 사는 방법, 치유하는 방법까지 제공하고 있다.

이런 것이 건축이다. 제대로 된 의사라면 환자가 원한다고 그대로 하지 않듯이 좋은 건축가는 의뢰인의 요구를 직설적으로 번역한 것 이상을 내놓는다. 그렇기에 "건축은 건물이지만 모든 건물이 건축은 아니다"라고 말할 수 있다.

2. 건설과 건축: 프리츠커 수상자가 없는 이유

프리츠커상이 뭐 그리 대단하냐고 물을 수도 있다. 노벨상이나 아카데미상, 필즈상, 부커상이 대수냐고 묻는 것과 비슷한 비겁한 질문이다. 상의 권위는 역대 수상자들에 의해 확립된다. 미국의 호텔 그룹 하얏트(Hyatt)가 시작해 초기에는 영미의 명망 있는 건축가들에게 주어지는 그들의 잔치였지만 45년이 지난 지금 그간의 수상자 리스트에 의해 이제 이 상은 세계 최고의 권위를 가진 건축상이 되어 그 나라의 건축 수준에 대한 엄정한 잣대가 되고 있다.

현재 한국의 건설업 경쟁력은 일본보다 위인 세계 5위다.[64] 그럼에도 프리츠커상 수상은 0:9이고 수상자를 배출한 세계 20여 개국 안에 들지 못하고 있다. 이 수치는 무엇을 말하는가? 그렇다. 우리나라에는 우리 국력에 상당하는 건설은 있으나 건축은 아직 오지 않고 있다는 얘기다. 충분히 부끄러운 얘기고 그 이유를 심각하게 고민할 때이다.

64
미국의 건설·엔지니어링 전문지인 ENR(Engineering News Record)이 발표한 2023년 세계 건설(도급) 순위에 의하면 한국이 5위, 일본은 6위다.

첫째, 우리나라 건축 클라이언트의 수준이다. 이들은 아직 건축과 건물, 건축과 건설의 차이를 거의 구별 못 하는 수준이다. 맘 좋거나 돈 많은 의뢰인으로부터 좋은 건축은 나올 수 있다. 그러나 세계적 수준의 건축에는 덕목 하나가 더 필요하다.

건축에 관한 높은 문화적 소양을 바탕으로 철저하게 건축가를 선택한 후에는 전적으로 신뢰하고 위임, 지원을 아끼지 않아야 한다. 건축 선진국에서는 대개 3대째 이상의 부자들이 이 역할을 맡는다. 급히 부를 얻은 우리 1세대들은 건축을 여전히 실용품이나 과시 수단으로 여기고 다음 세대들은 해외 건축가 수집에 관심이 더 많다.

그렇다면 기댈 곳은 공공영역인데 이곳은 '절차적 공정성'이 율법이다. 많은 부분이 개선되었으나 여전히 정작 중요한 심사위원 선정 방식의 문제는 여전히 후진적이다.

자천한 후보자 리스트에서 추첨으로 심사위원을 선정하는 것이 언뜻 공정하게 보이지만 내 집이라면 그렇게 하지 않는다. 프로젝트에 적합하면서 능력 있는 건축가를 찾는 수고를 아끼지 않을 것이다.[65]

둘째, 우리 건축에는 담론 생태계가 없다. 한국 영화가 강한 것은 미국 등 건축 선진국에서는 공공건축이라 할지라도 건축가 인터뷰 등으로 적합한 건축가를 찾는다. 수월성이 공정성보다 중요하기 때문이다. 물론 공공의 전문성, 청렴성에 대한 신뢰가 전제다.

66
프리츠커상은 완공된 건물을 평가한다. 공사비를 압박하는 건축주에 시달리고, 쉽고 빨리 지을 수 있는 설계를 강요하는 시공자에게 압박을 받는 건축가가 소신껏 설계를 한다는 것은 불가능하다.

피도 눈물도 없는 논객들이 태작을 가려내고 준작도 사정없이 벼려서다. 그런데 한국 건축에는 건축 평론이 없어진 지 오래다. 주례사 수준의 해설서와 박람기 식의 소개 글은 넘치나 건축을 깊이로 읽어내고 혹독히 다루는 평론은 드물다.

평론할 거리가 없어서인지 아카데미즘이 공부를 하지 않아서인지는 알 길이 없다. 위대한 건축은 시대를 가르며 나온다. 이를 표 나게 알아차리고 해석하여 권위를 부여하는 것이 진정한 건축 평론의 임무다. 안도 타다오를 서구에 소개시킨 케네스 프램튼이 그랬다.

그가 저서를 통해 소개했던 건축가들, 파울루 다 호샤(2006), 피터 줌토르(2009), 에드아르두 드 모라(2011), 이토 도요오(2013), 알레한드로 아라베나(2016)는 모두 프리츠커상을 받았다. 프램튼 같은 건축 지성도, 그의 눈에 띌만한 작업도 없음이 한국 건축이 변방인 까닭이다.

셋째, 건축 산업 인프라가 뒷받침해 주지 못한다. 실험적이고 전위적인 디자인은 현실에서 구축될 수 있다는 믿음이 전제되어야 태어난다.[66] 공법, 재료, 디테일, 엔지니어링이 따르지 않는 혁신 디자인은 '페이퍼 아키텍쳐'일 따름이다. 저들에게는 사무소 안팎에 백전노장 해결사들이 있으나 한국 건축계에는 이런 기술 인프라가 없다.

극도로 양극화되어 중소규모 사무소는 기술 축적의 여력이 없다. 미국의 SOM이나 영국의 Foster처럼 사내 기술력이라도 키워야 하는

데 대형 설계조직에서 연륜이 쌓이면 영업이나 관리로 돌거나 나와서 독립해야 한다.

규모를 막론하고 한국에서 건축 설계업은 생계형이라는 얘기다. "97년 이후 토목엔지니어링 대가는 3번에 걸쳐 2배 가까이 올랐는데 건축 설계비 요율은 왜 제자리이냐?" 건축계 사람이 아니라 기재부 예산실장이 한 말이다.

비판을 하지만 사실 누워서 침뱉기다. 필자부터 한때 대형 설계회사 사장이자 교수였으며 협회 회장이기도 했다. 참회인 한편 후학들에 대한 결의이기도 하다.

3. 건설 아래 건축: 우리 공공건축이 후진 이유

'밥을 하다'와 '밥을 짓다'는 서로 다른 느낌으로 다가온다. 옷도 마찬가지 '옷을 짓다'라고 하면 남편, 자식을 위해 한땀씩 바느질하는 어머니가 떠오른다. '집의 시공'과 내 가족이 살 집을 만드는 '집짓기'는 엄연히 다르다. 한 해 공공건축물이 약 5000여 동 세워지고 있다.

이 중 몇 개나 공공을 위한 '집짓기'의 마음으로 건축되고 있을까? 2013년 Best/Worst 현대 건축 20선을 선정한 적이 있었다.[67] 최악 20개 중에는 1위 서울시 청사를 비롯해 14개가 공공건축물인 반면 최고 20개 중 공공건축은 단 4개다.

67
2013년 〈동아일보〉와 월간 〈SPACE〉가 건축 전문가 100인을 상대로 조사했다. 'Best 20'은 공간 사옥(김수근), 프랑스대사관(김중업), 선유도 공원(조성룡+정영선), 경동교회(김수근), 쌈지길(최문규), 절두산 순교 성지(이희태), 이화여대 ECC(도미니크 페로) 순이고 'Worst 20'은 서울시 신청사(유걸), 예술의전당(김석철), 종로타워(라파엘 비뇰리), 새빛둥둥섬(해안), 동대문 DDP(자하 하디드), 국회의사당(김정수 등), 청와대(김정식), 용산구 청사(공간) 순이다.

우리나라의 공공건축은 한마디로 후지다. 아까운 세금으로 품격 없고 상투적인 건축물들을 만들 수밖에 없는 이유를 알아보자.

첫째, 공공건축 획득 프로세스의 후진성 때문이다.

좋은 문제가 좋은 답을 얻는다. 미국의 한 대학에서 오페라 하우스를 짓기로 했다. 어떤 오페라 하우스이어야 하는가를 놓고 학교의 구성원들은 1년여를 토론했다. 결과는? "청바지를 입고가도 되는 오페라 하우스"다. 이런 것이 좋은 문제다.

요구사항이 명확하게 정리되면 건축가가 일하기 쉽고 결과에 대해서도 군말이 없다. 이렇게 공공이 진정 원하는 바를 담은 좋은 문제를 내고 좋은 답을 얻기 위해 심부름을 하는 것이 제대로 된 공복의 태도다.

건축가가 풀 문제를 만드는 과정을 기획이라고 한다. 당초에는 이 과정이 주먹구구였다가 공공건축의 중요성이 커짐에 따라 프로세스 개선을 통해 지금은 그나마 많이 나아졌다.[68] 그럼에도 여전히 도시의 비전과 시민적인 공감보다는 단체장의 취향과 공약에 의해 공공건축의 방향이 결정되고 있다.

엉터리 기획과정으로 설계과정에서 갈등이 계속된다. 공공건축의 주인은 공공(公共)이다. 그런데 공공을 공무원들은 종종 자신이라고 생각한다. 공무원 특히 단체장들은 스스로가 공공을 대표한다고 여기고 자의적인 결정을 내린다. 아직 갈 길이 멀다.

68
공공건축의 품질과 품격을 높이고 예산, 기간 등을 정확하게 예측하기 위한 노력이다. '건축서비스산업진흥법'의 개정으로 설계비 1억 이상의 공공건축은 설계 공모를 의무화했고 사전기획 및 발주 심의를 해야 한다. 국토부 지침은 심사위원 사전 공개와 비전문가의 심사 배제를 명시하고 있다.

둘째, 명목적 공정성 때문에 좋은 건축가를 선택할 수 없다.

민간보다 설계비를 더 주면서도 왜 공공건축은 더 못난 것들만 얻고 있을까? 바로 '절차적 공정성'이라는 고약한 관습과 제도 때문이다. 최고의 설계를 공정한 과정을 통해 얻겠다는 설계공모의 취지는 좋다.

문제는 심사위원 선정 방식이다. 건축 선진국들은 신망과 실력을 갖춘 심사위원을 초치하여 심사위원회를 구성한다. 우리는 명목적 공정성을 얻기 위해 자천한 사람들로 구성된 심사위원 풀(pool)에서 추첨을 한다. 그런데 정작 모시고 싶은 신망과 명성을 갖춘 이들은 이 풀에 들어가려고 자천하지 않는다.[69]

이 문제는 심사의 불공정 혹은 안목의 부족 등으로 나쁜 설계안이 뽑힐 수 있다는 데 그치지 않는다. 사전에 공개되는 심사위원 명단은 발주처의 수준과 공정성 여부를 보여주는 시그널이다. 우수한 건축가들은 자신의 창의성을 읽지 못할 심사위원들이면 아예 참가를 하지 않는다. 하더라도 무난히 뽑힐 정도로 자기 검열한 안을 내놓는다.

우리 공공건축이 다 그만그만하고 민간건축보다 후진 이유다. 욕먹고 오해를 받더라도 공공(公共)의 선을 위해 나서야 함에도 관료주의는 공정성에 대한 알리바이로 공공(公空)의 익명성 뒤로 숨는다.

69
2018년 국토부는 이런 추첨제의 문제점을 인식하고 '설계공모 운영위원회'를 구성해서 심사위원을 초치할 것을 지침으로 만들었다. 그랬더니 이제는 운영위원을 또 자천자 풀에서 추첨으로 뽑는다. 조달청은 아직도 심사위원 풀을 구성해서 추첨제로 심사위원을 뽑는다.

셋째, 건축을 건설의 하위개념으로 여긴다.

2024년 프리츠커 수상자 야마모토 리켄의 인터뷰다. "한국은 한국 건축가들에게 제대로 설계할 기회를 주지 않는다. 온갖 제약과 규제에 묶여있다. 한국 건축가들이 불쌍하다. 자유도가 전혀 없다. 그러면서 나 같은 외국인에게는 자유롭게 건축할 수 있게 해준다. 한국에서 유명한 건축물은 거의 안도 다다오 씨 같은 외국인 건축가의 작품이다." 뼈아픈 지적이다. 행간에 사대주의와 금전 만능주의에 대한 비판도 있다.

한국에서 건축설계업은 산업분류표에서 건설용역업에 속했었다. 수년간의 노력 끝에 지식산업으로 바뀐 것은 불과 10년 전이다.[70] 법은 생겼으되 마인드는 그대로다. 공공건축을 설계하는 건축가의 의무는 1) 공사비 맞추기, 2) 유지관리 비용 절감, 3) 설계 납품 기한 맞추기다.

돈이 먼저고 건축의 품격은 번외 항목이다. 그러다가 지자체장의 관심 사항이 되거나 장소 마케팅 따위가 필요하면 외국 건축가 초청이다. 관심이 없는 만큼 식견 또한 없으니 수입품이라면 믿고 해달라는 대로 해준다.

또 설계의 완성은 현장에서 이루어지는 것인데도 우리는 세계 유일의 설계자 현장 출입금지 국가다. 그러다 보니 준공식 때 설계자가 연락이 되지 않아 못 불렀다고 핑계하는 어처구니없는 일이 벌어진다.[71] 건축을 아직도 건설 하청업으로 여기고 있는 나라의 현실이다.

70
'건축서비스산업 진흥법'(2014년)에 의해서 비로소 법적으로는 건설 하청업에서 벗어났다. 겨우 공공건축의 설계공모 의무화, 진흥 기본계획 및 진흥원 수립·설립의무화, 지적재산권 보호, 건축물의 품격제고 등에 대한 근거가 생겼다.

71
잘못한 설계를 수정할 우려가 있다는 둥, 제 3자가 감리를 해야 공정하다는 둥, 터무니 없는 논리로 설계 감리 분리 제도를 우리나라는 시행하고 있다. 그나마 설계 의도 구현이라는 부스러기를 얻은 것이 최근 일이다. 2010년 안중근 의사 기념관 준공식에 건축가를 초청하지 않은 일이 있었다. 필자 등은 '건축가의 자리를 찾자'는 운동을 벌였다. 상암월드컵경기장, 국립현대미술관에서도 있었던 일이다.

4. 권력과 건축: 표상으로서의 건축

앞에서 건축은 공간을 통해 인간의 삶을 치유하기도, 제대로 사는 방식을 제시하기도 한다고 말했다. 이와 더불어 건축은 공간과 형태를 통해 인간의 마음에 특정한 심리 상태를 불러일으키는 일도 한다.

예컨대 피라미드 같이 장대한 스케일의 건조물은 경외감과 복종심을 일으키고 고딕 성당의 오묘한 빛으로 충만한 수직적 공간은 영성과 신앙심을 자아내게 한다. 개선문은 '자부심'이고 광장은 '우리 됨'의 표상이 된다. 이런 이유로 건축은 군중의 마음을 움직여 원하는 바대로 움직이게 하는 정치적 도구로 종종 쓰인다.

히틀러의 '빛의 대성당'이 이의 적확한 사례다. 뉘른베르크의 나치당 대회, 70만 군중이 모이고 낮부터 광장에는 제복들이 도열해 있다. 어슴푸레해질 무렵 한쪽 끝부터 함성이 들린다. 천천히 광장을 가로질러 드디어 단상에 오르는 순간 152개의 서치라이트가 켜지면서 하늘 끝에 닿은 빛의 열주를 만든다.

전체에 비하면 나는 미물, 조국과 총통을 위해 죽겠노라는 집단 광기가 탄생한다. 여기서 70만 군중의 스케일은 '전체'를 상징하는 표상이고 빛의 기둥은 '절대 권력'을 상징하는 표상이다.

빛의 기둥을 고안한 건축가가 슈페어[72]다. 한때 미술학도였고 건축가 지망생이었던 히틀러의 지시와 스케

슈페어의 '빛의 대성당', 군중을 압도하는 정치적 도구로 쓰였다.

스케치를 하는 히틀러를 슈페어가 지켜보고 있다.

72
알베르트 슈페어는 이외에도 베를린 올림픽 경기장, 총통 청사, 베를린 대개조 계획, 인민대회당 등을 설계했고 승승장구하여 나중에 군수장관까지 오르고 히틀러 사후의 후계자까지 꿈꿨다.

치를 받아 그는 많은 정치적 도구로서의 건축을 남긴다. 히틀러는 고전주의 건축을 특히 애호했다. 제3 제국의 정통성을 상징하는 수단이자 엄정한 비례와 오더로 권위를 표상할 수 있었기 때문이다. 그러나 이 같은 히틀러의 건축은 과거의 양식을 직설적으로 복제, 차용했다는 점에서 퇴행적이고 저급한 수준의 표상이라 하겠다.

반면 미테랑의 건축을 보자. 문화 대통령을 자처했던 미테랑은 1981년부터 파리 곳곳에 기념비적인 대형건축물을 세우는 '그랑 프로제(Grands Projets)[73]'를 시작한다. 파리를 다시금 세계의 문화 수도로 복권 시키겠다는 야심찬 기획이다. 이 중 두 개 건축물을 통해 미테랑과 히틀러의 '권력의 표상으로서의 건축'이 어떻게 다른지 살펴보고자 한다.

먼저 '그랑드 아르슈(Grande Arche)'다. 파리 도심의 서쪽 끝에 세워진 고층지구 라 데팡스에 있다. 1983년 424개의 공모 출품작 중 무명 덴마크 건축가[74]의 안이 미테랑 대통령의 최종 승인을 얻는다. 정육면체의 중앙을 뚫고 모서리를 쳐서 거대한 계단과 타워 두 동, 상부에 회의장을 얹은 계획이다. 누가 봐도 문이다. 바로 '제2 개선문'이라는 별칭을 얻었다.

실제로 루브르와 개선문을 잇는 축선 상에 문이 나 있다. 무엇을 표상하는가? 1202년부터 있던 루브르와 1836년 나폴레옹의 에투알 개선문의 연장이라는 뜻이

73
루이 14세 절대왕정 이래 통치 기간 중 위대한 예술적 건축물을 남기는 전통을 회복하여 파리 도시 전체가 문화유적의 박물관이 되게 하겠다는 목표 아래 미테랑은 당선된 1981년부터 프랑스 혁명 200주년인 1989년까지 기념비적 건축의 건립을 시작한다. 대표적으로 오르세 미술관, 라 빌레트 과학문화관, 라 데팡스의 그랑드 아르슈, 루브르 유리 피라미드, 바스티유 오페라하우스, 국립도서관, 아랍문화원 등이 있다.

74
당시 54세였던 요한 오토 폰 슈프레켈젠은 자기 집과 네 개의 검소한 교회만을 지은 건축가였다. 아깝게도 준공 2년을 앞두고 1987년 암으로 타계했다.

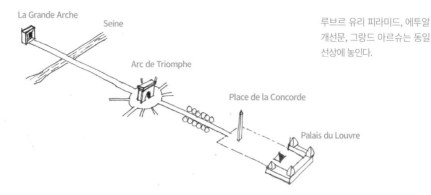

La Grande Arche

Seine

Arc de Triomphe

Place de la Concorde

Palais du Louvre

루브르 유리 피라미드, 에투알
개선문, 그랑드 아르슈는 동일
선상에 놓인다.

다. 이로써 미테랑의 시대는 프랑스의 과거, 근세 다음의 결절점이었음을 알린다. 광장을 보는 시민들의 앉음 터로 쓰이는 계단과 역사축에서 6도 틀어진 건물은 이 시대가 민주 공화제임을 말한다.

　다음은 루브르의 유리 피라미드다. 이 또한 여러 이견에도 불구하고 미테랑에 의해 낙점되었다. 기능은 기존 박물관 마당 지하에 새로 증축한 신관의 입구다. 건축가는 가장 원초적인 도형이자 루브르보다 더 역사가 오래된 이집트 피라미드에서 기하학을 가져온다. 그리고 그것을 유리와 철이라는 이 시대의 재료로 구현한다.

　이로써 고대와 현대를 잇는 시간 축 상에 이 건축을 자리하게 만든 것이다. 투명한 유리의 피라미드는 오래된 석조건물의 경관을 방해하지 않으면서도 새로 들어선 건축의 존재감을 한껏 높인다.

루브르 박물관 신관의 입구인
유리 피라미드
사진 Benh LIEU SONG, CC BY-
SA 2.0, https://www.flickr.com/
photos/blieusong/31105795232/in/
photolist-JvzkPz-2iEMqk8-PoHkdm

히틀러와 미테랑 건축의 목적은 같다. 당대 체제의 우월성과 권력의 정통성을 알리기 위함이다. 이를 위해 역사를 통한 '표상으로서의 건축'을 쓰지만 이렇게 서로 다르다. 히틀러의 방식이 '대놓고 표상'이라면 미테랑의 그것은 '은유와 상징, 맥락을 통한 표상'이다.

어느 쪽이 더 수준 높은지는 말할 나위가 없다. 품격 있는 국가급 건축은 체제와 리더십의 높은 수준을 가리키는 표상이기도 하다. 이런 의미에서 우리의 저급한 공공건축은 한국의 후진 정치 수준과 촌스런 위정자들과 무관하지 않다.

IV

안전한 세상은 거저 오지 않는다

철거도 건축이다

이 글은 국민일보 시론 '철거도 건축이다'(2021.6.22)로 게재되었음.

광주 재건축 현장 건물 붕괴, 버스·승용차 덮쳐

9일 오후 4시 45분쯤 광주 동구 학동의 재개발 지역 건설 현장에서 철거 중이던 지상 5층 건물이 붕괴되면서 인근에 있던 시내버스와 승용차 등을 덮치는 사고가 발생했다.

광주시 소방본부에 따르면 건물이 붕괴되면서 건물 잔해가 운행 중이던 운림 54번 시내버스를 덮쳤다. 이 사고로 승객 9명이 사망했고, 버스 기사 1명을 포함한 8명은 중상을 입고 병원에서 치료 중이다. (2021.6.9, 한국일보)

고체, 액체와 액상체, 흙은 옆으로 미는 힘도 가진 액상체다.

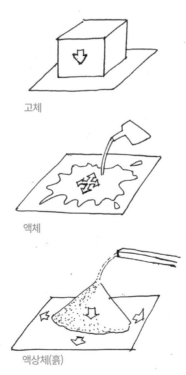

고체

액체

액상체(흙)

180

광주에서 철거 중 건물 붕괴로 참사가 일어났다. 뒤차에서 찍은 재난 영화를 방불케 하는 동영상은 사고의 끔찍함을 생생하게 전달하고 있다. 마치 두꺼비가 파리를 잡듯 건물이 버스를 덮치는 장면은 전형적인 전도(顚倒, overturning)붕괴의 모습이다.

전도붕괴는 건물이 서 있으려는 관성력보다 더 큰 수평의 힘이 가해질 때 1층을 축으로 회전하며 넘어지는 것을 말한다. 이때 건물의 총중량이 자유낙하하며 충격을 가하기 때문에 여기에 깔리면 실로 참혹한 파괴가 일어난다. 버스가 깔려 17명이 죽거나 다쳤다.

전도붕괴를 일으킨 횡력은 흙산(盛土層)에 의한 것임이 분명해 보인다. 건물을 깨어서 부수는 포클레인이 최상층으로 오르는 경사로이다. 건물이 안쪽으로 넘어지는 것을 막는 흙산은 토압으로 건물을 밖으로 밀기도 한다. 비산 방지로 뿌린 물까지 먹었으니 횡압은 건물 밑동을 끊을 정도까지 커졌을 것이다. 2019년 7월 발생한 서울 서초구 잠원동 사고의 완벽한 재현이다. 그때도 흙산의 횡압으로 건물이 도로 쪽으로 넘어져 차에 타고 있던 예비부부 등 4명의 사상자가 발생했다.

잠원동 사고로 신고제였던 건축물 해체 작업은 허가 및 감리제로 바뀌었고 해체계획서를 제출해 승인받도록 변경되었다. 그러나 이번 사고는 이런 제도가 있으나 마나였음을 명백히 보여주고 있다. 책상머리에 앉은 의원이나 관료들이 생산하는 각종 방책이 현장에서는 도대체 먹히지 않는 근본적인 까닭은 무엇일까? '안전은 비용'이라는 자명한 명제를 무시하기 때문이다.

전도붕괴의 위험에도 굳이 흙산을 만드는 것은 당연히 비용 때문이

75

사고 당시 광주의 총괄 건축가였던 필자도 큰 충격을 받았다. 사후에 입수한 '해체계획서'는 말 그대로 '10원짜리'였다. 철거할 건물을 마치 보강공사를 하듯 부위별로 강도 검사를 하고 있다. 해체 방법 페이지는 교과서에 나온 철거의 종류 그림을 그대로 복사해 놓은 수준이었다.

76

철거 용역 회사의 주 업무는 '용역'이라 불리는 철거폭력배를 동원해서 철거민을 강제로 퇴거시키는 일이다. 이 현장에서도 석면 제거와 지장 물 철거 용역은 다원이앤씨라는 회사가 조합으로부터 직접 받았다. 이 회사는 철거 업계의 대부로 알려진 '철거왕' 이금열이 설립한 다원그룹의 계열사다.

다. 대형 크레인을 불러 포클레인을 옥상에 올리는 것보다 싸다. 그렇다면 흙산의 횡압을 견디면서 해체하는 순서와 공법을 설계해야 하는데 이 또한 비용이다.

이번 광주 현장의 해체계획서에는 역설계를 통한 해체순서는커녕 흙산의 횡압력 계산조차 없다. 저가의 형식적 서류라는 얘기다.[75] 현장에 한 번도 가지 않았다는 감리도 마찬가지다. 제값을 받지도 못했거니와 현장에서 원하지 않으니 갈 이유가 없다.

우리나라에서 건설공사는 여전히 빨리, 싸게 할수록 좋은 '과정의 산업'이다. 건설업이 GDP 내 비중은 5% 내외이면서 산재 사망자 수에서는 50% 이상 차지하고 있으며 이 중 60%가 날림 가설구조물로 인한 추락사라는 통계가 웅변한다.

하물며 부수고 없애는 것이 일인 철거공사임에랴? 그간 대부분 재개발 현장의 철거공사는 주민 퇴거가 주 업무인 용역 회사에게 주는 보상이었다.[76] 폭력, 파괴와 이웃 말이던 '철거'가 법체계에서는 '해체'라는 새 이름과 규율을 얻었으되 비용체계와 산업 생태계의 관습은 전혀 변하지 않았음을 보여준 것이 이번 사고다.

이번에도 모 국회의원이 철거 관련 처벌강화 법안을 들고 나왔다. 처벌이라는 비용으로 안전의 비용을 지불하도록 만들겠다는 관점은 원칙적으로 옳다. 그러나 정작 중요한 것은 원청자는 본디 위험과 비용을 하향 전가하려 한다는 점이다. 따라서 원청자의 책임 극대화, 전 과정 안전비용에 대한 적정한 분배가 전제되지 않으면 일선에서의 '러시안룰렛'은 계속될 수밖에 없다.

중세 고딕 성당을 짓는 데는 최소 30년이 걸렸다. 나무 거푸집으로 형틀을 만들고 돌을 차곡차곡 쌓아 올려야 하는 고된 작업이어서다. 마지막 머릿돌을 끼운 후 목재 형틀을 해체할 때야 비로소 건물의 성패가 드러나는데, 이때 사형수들이 투입되었다고 한다. 성당 넷 중 하나꼴로 붕괴되었다 하니 사형수가 사면될 확률은 4분의 3이었던 셈이다. 지어보지 않고도 건물의 붕괴를 예측하는 근대 구조역학의 탄생 전에는 그랬다.[77]

그런데 21세기 대한민국에서 사소한 비용 때문에 건설노동자들과 애꿎은 버스 승객들이 그 신세라니 기가 막히는 일이다. 부끄러운 재난과 사고에 대해 우리 사회 역시 분노와 비난만 할 일이 아니다. 안전에 대한 사회적 비용에 대한 합의가 늦을수록 중세형 사고는 거듭될 것이다. 철거도 건축이다. 건축만큼 비싸다.

77
근대 이전의 구조공학은 여러 번의 '시행착오(trial & error)'를 통해 해답을 얻는 방식이었다. 17세기 뉴턴 등에 의해 근대 역학이 정립됨에 따라 시공 전 '구조해석(structural analysis)'을 통한 예측이 가능해진다.

지금은

흙에 대한 무지, 철거에 대한 교만

광주지법 제11형사부는 하청업체인 한솔 현장소장 강모 씨에게 징역 2년 6개월, 재하청업체 백솔 대표 조모 씨에게 징역 3년 6개월, 감리 차모 씨에게 징역 1년 6개월을 각각 선고했다. 현대 산업개발 현장소장 서모 씨에게는 징역 2년에 집행유예 3년, 공무부장과 안전부장에게는 각각 금고 1년에 집행유예 2년을 선고했다. (2022.9.7, KBC)

광주 학동 붕괴 사고를 일으킨 책임자들이 1심에서 모두 유죄 판결을 받았다. 이와는 별도로 정비사업 브로커로 업체들을 연결하고 수뢰한 문모 전 5·18 구속부상자회장도 징역 4년 6개월의 실형을 받았다.

조합은 철거공사를 HDC 현대산업개발(이하 HDC)과 다원 이앤씨에게 평당 28만 원에 발주했다. 이후 하청(한솔기업) 재하청(백솔건설)을 이르러서는 평당 4만 원이 되었다. 실제 철거 일은 포클레인의 운전자이기도 한 백솔건설의 조사장이 한 것이고 HDC를 비롯한 나머지 회사들은 돈만 챙겼다. 조 사장이 크레인 못 부르고 흙산 쌓기를 할 수밖에 없었던 까닭이다.

이 사고는 흙의 속성에 대한 무지와 철거는 일단 부수면 되는 것이라 여긴 교만의 합작품이다. 비용 절감을 위해 흙산을 쌓았으나 물먹은 흙이 건물을 자빠뜨릴 정도의 미는 힘을 가졌으리라고는 생각 못했던 거다. 용케 사고를 피해왔던 행운을 법칙으로 여겼다.

해체는 건설의 역순이다. 구조의 안정성(stability)을 제거하는 과정

이라 더 위험하고 따라서 철거의
설계는 매우 어렵다. 명색이 1군 업
체인 HDC가 이것을 포클레인 기
사에게 맡기고 멀뚱하게 있었다.

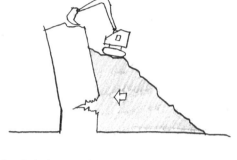

아니나 다를까. HDC가 반년 만
에 또 사고를 친다. 광주 화정동 아
파트 공사 중 붕괴사고로 6명이 숨졌다. 이번에는 공기

광주 학동 사고의 원인은 물먹
은 흙산이 토압으로 건물을 밖
으로 밀어서이다.

를 맞춘답시고 콘크리트가 굳기도 전에 동바리를 빼고
다른 '공종(工種)'을 투입하는 무리수를 두다 사고가 일
어났다. 이런 일이 반복되면 그 기업의 문화를 의심하
게 된다.

소비자가 대기업 브랜드 아파트에 비싼 값을 내는 것
은 믿기 때문이다. 직접 작업은 하청이 하더라도 기술과 품질에 대한
투자와 감독은 책임질 것이라고. HDC는 이 신뢰의 상실로 돌이킬 수
없는 손상을 입었는지 모른다.

아니, 그렇게 되는 것이 오히려 위험 감수가 일상문화가 된 한국 건
설 산업계에 길게 보면 덕일 수도 있다.

상도동 유치원과 바이온트 댐

이 글은 중앙일보 시론 '상도 유치원 붕괴 뒤에 숨은 '싸게, 빨리'의 유혹'(2018.9.12) 으로 게재되었음.

상도동 유치원 붕괴 사고에 이낙연 총리 "묵과할 수 없는 일"

지난 6일 오후 11시 22분쯤 서울 동작구 다세대 주택 공사장의 옹벽이 무너지면서 인근에 있던 지하 1층, 지상 3층짜리 서울 상도유치원 건물이 10도가량 기울었다. 이낙연 총리는 8일 오전 페이스북에 올린 글에서 "서울 가산동 지반 침하, 상도동 옹벽 붕괴. 묵과할 수 없는 일"이라고 하면서 "지자체, 교육청, 중앙정부가 훨씬 더 엄격해져야 한다"고 말했다. (2018.9.8, 서울신문)

상도동 유치원 붕괴, 흙의 횡압을 우습게 본 결과다.

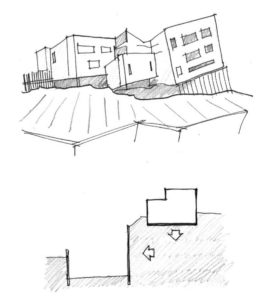

가산동의 오피스텔 현장 땅 꺼짐으로 아파트 주민이 대피하는 소동이 벌어진 지 한 주 만에 상도동 다세대 공사장 옆 유치원이 기울어져 붕괴하기 직전이 되었다. 둘 다 공사장 흙막이 붕괴가 원인이다.

전체 건설 과정 가운데 흙막이 공사[78]는 사고에 가장 취약한 공정 중 하나다. 어려워서가 아니라 안전과 비용이 정면으로 충돌하는 공사이기 때문이다. 도대체 종잡을 수 없는 흙을 다루기에 높은 안전율을 확보해야 하지만 동시에 흙막이는 완공 후에는 필요 없는 임시 구조물이므로 비용 절감의 먹잇감이기도 하다. 이 모순에 의해 사고는 거듭된다.

거푸집, 동바리, 비계, 흙막이 등 공사용 임시 구조물 짓기를 가설공사라고 한다. 통계에 따르면 2011년 이전 10년간 건설업 전체 사망자 3434명 중 가설공사 관련은 48%인 1647명이다.

저가 입찰로 수주한 공사에서 직접비를 건드리지 않고 이윤을 확보하려면 가설공사 같은 간접비를 줄일 수밖에 없다. 특히 흙막이는 계륵과 같다. 안전하게 하자니 아깝고, 대강하려니 찜찜하다. 흙이 변심하기 전에 빨리 지하층 공사를 해서 덮고 싶은 유혹에서 자유롭기 힘들다.

흙은 액체와 고체 중간 성질을 가진다. 고체는 수직으로 쌓을 수 있고 액체는 수평으로 퍼지지만 흙은 그 중간이라서 흘러내리며 경사면을 만든다. 경사면이 되려는 이 힘이 토압을 만들어 흙막이를 무너뜨린다.[79] 더욱이 흙은

78
기초를 놓고 지하층을 만들기 위해서 땅을 팔 때 도시의 건물일수록 대지 경계선에 바짝 붙여 수직으로 파게 된다. 흙과 물이 안으로 들어오지 않도록 임시로 세우는 지하의 벽을 토류벽 혹은 흙막이 벽이라 한다. 지하 수위, 흙의 종류에 따라 세심한 설계를 해야 하고 거동을 면밀히 관찰해야 한다.

79
이때 경사면의 각도를 안식각(安息角, angle of repose)이라 한다. 액체에 가까운 모래는 작고 암석에 가까울수록 크다. 옆으로 흐르려는 이 성질이 횡압을 만드는데 이를 토압이라 한다.

미네랄, 물, 공기, 공극 등으로 구성되어 있기에 스펀지처럼 줄어들기도 한다. 피사의 사탑도 한쪽 땅이 눌려서 기울어진 경우다.

한편 흙의 공극에 일단 물길이 생기면 올해 3월 붕괴한 라오스의 댐 같은 사고도 벌어진다. 1990년 대홍수 때 고양 근처 한강 둑이 무너진 것도 들쥐가 판 구멍으로 물이 들어와서 생긴 일이다. 이런 현상을 세굴(洗掘), 파이핑(piping)이라 부른다. 지하철 공사나 상하수도관 파열에 의한 씽크홀도 모두 이 현상에 의한 것이다. 요컨대 성격 까칠한 흙을 다루려면 본 구조물보다 더 높은 안전판을 두어야 함에도 현실은 그렇지 않다는 데에 문제가 있다.

이번 상도동 유치원 사고는 여러모로 1963년 이탈리아에서 일어난 바이온트(Vajont) 댐 사고와 흡사하다. 5000여 명이 숨진 이 사고는 2008년 유네스코에서 '행성 지구의 해'를 맞아 정한 '인류가 잊지 말아야 할 5대 비극적 교훈'에 들기도 했다.

무려 250m 높이의 파도가 댐을 넘어 5개 마을이 6분 만에 사라졌다. 이 '메가 쓰나미'의 원인은 산사태였다. 댐 옆의 산에서 2억 6천만 m^3의 토사와 바위가 시속 110km의 속도로 무너지며 댐의 물을 밀어냈다.

전기회사 SADE는 지질이 물에 약한 석회암과 점토층이며 더욱이 기울어졌기에 댐 건설이 부적절하다는 의견을 무시한 채 건설을 강행했다. 미끄러운 치즈가 들어간 햄버거를 기울여 보시라. 한 달 전에는 하루에 25cm씩이나 땅이 움직였음에도 대피명령을 내리지 않았다. 이때 충격파 에너지가 히로시마 원폭의 2배 규모였다니 주민을 그냥 둔 채 원폭실험을 한 셈이다.

상도동 유치원도 이미 5개월 전 편마암 단층이 경사져 있으므로 붕괴 위험이 있다는 전문가 진단이 있었고 하루 전에는 건물이 기운다는 것을 구청에도 알렸다고 한다. 구조물도 변형과 균열을 통해 자신의 붕괴를 막기 위해 애를 쓴다. 이것이 사전 예고다.[80]

그럼에도 이를 애써 무시하는 것은 어제오늘 일이 아니다. 성수대교 붕괴 전날 틈이 벌어진다는 시민 신고에 시청 관계자들은 한밤중에 철판을 깔았다. 삼풍백화점 사고 날 아침, 물이 새고 붕괴 16분 전에는 우르릉 소리가 나는데도 영업을 계속했고 502명이 숨졌다.

붕괴의 전조를 자기 편한 대로 해석하는 것은 무너질 리 없다고 믿고 싶은 확증편향 때문이다. 그리고 그 배경에는 안전비용을 유예함으로써 얻는 효용에 대한 합리적 타산이 숨어있다. 그러므로 이 태도를 '안전 불감증' 같은 병리적 증세로 표현해 보아도 문제는 해결되지 않는다. 방법은 단 하나, 안전에 대해 합당한 비용을 지불하는 것뿐이다.

우리나라 1㎡당 건설비는 163만 원으로 62개 주요 국가 중 26위이고 1위 영국의 2.8분의 1이다. 소득수준 반영 산재 사망률[81]이 영국의 26.3배인 사실도 이와 관련이 있다. 세계 10대 경제대국이 되었으면서도 건설현장은 여전히 개발시대의 '싸게, 빨리' 논리가 지배하고 있다.

1963년 이탈리아에서 일어난 바이온트(Vajont)댐 사고, 무려 250m 높이의 파도가 댐을 넘어 5개 마을이 6분 만에 사라졌다. 사고 후 댐의 모습과 댐 하류 마을의 전, 후 모습

80
도자기나 유리 같은 재료는 순식간에 깨지는 취성파괴(Brittle Fracture)가 일어나지만 철이나 철근콘크리트, 흙 등은 파괴에 이를 때까지 변형이 일어나며 시간을 끄는데 이를 연성파괴(Ductile Fracture)라 한다. 이 시간에 대피하면 목숨은 건진다.

81
1인당 GDP에 10000인당 산
재 사망자 수를 곱해 얻는다.

국무총리께서도 이번 사고를 묵과하지 않겠다고 하
셨으니 부디 구조적인 처방을 찾아주시기를 바란다.

바보야, 문제는 비용이야
It's the cost, stupid

사고 발생 5년이 넘어 2023년 10월 상도동 유치원 붕괴사고 관련자들이 모두 유죄를 선고받았다.…유치원 인근 다세대 주택 공사 현장의 감리단장은 징역 6개월, 공사 하도급 업체 대표는 징역 6개월에 집행유예 2년, 그 외 업체 임직원들에겐 벌금형이 내려졌다.

재판부는 "붕괴 위험에 대한 경고를 받았고 두 달 전 관련 징후가 있었는데도 공사 중지나 공법 변경을 하지 않고 공사를 강행 했다"며 관련자들의 잘못으로 큰 인명 피해를 초래할 뻔했다고 밝혔다. (2023.11.3, SBS 등)

이 사고는 '흙의 속성과 단층의 위험성에 대한 무지'와 '붕괴 전조에 대한 무시'에 의해 일어났다. 당연히 이 고의적인 무지와 무시에는 비용 문제가 깔려 있다. 토목공사를 무면허 업체에게 재하도급하고 흙막이도 명의를 빌린 사람이 설계했음이 드러났다. 한 푼이라도 싸게 하기 위한 노력이었겠다. 3년 후에 일어날 광주 학동 붕괴사고와 판을 박은 듯 같은 유형이다. 이 재판이 5년이나 끌지 않았으면 광주 사고를 막을 수 있을 뻔했나?

아니지 싶다. 총리가 '묵과할 수 없다고 한 정도의 사고'였으면 실효성 있는 대책이 마련되었어야 했다. 상도동 사고가 난 이후 깊이 10m 이상 굴착할 때 토목 감리원이 현장에 상주하도록 의무화했다. 그러나 다음 해 행안부가 공사장 384곳을 조사했더니 지하 굴착 관련 위법이 178건 적발되었다. 사고 날 때마다 등장하는 총리의 습관적 사과나 땜질식 규제로 치유될 수 없는 중병에 한국의 건설이 걸려 있음을 애써 무시하고 있다.

그러면 그렇지, 3년 후 광주 학동 붕괴 현장에 이번에는 김부겸 총리가 나타나 "참으로 송구하고 이 같은 원시적 사고가 반복되지 않도록 살피겠다."라고 말한다. 클린턴 같으면 이렇게 일갈했겠다. "바보야, 문제는 비용이야 (It's the cost, stupid.)"

이들 총리들이 똑같은 사고가 거듭되는 이유를 모르고서 치유하겠노라 다짐을 하는 건지. 아니면 이유를 알고 보니 고칠 수 있는 바가 아니라서 그냥 상투적 사과를 하는 건지. 참 궁금하다.

필로티를 위한 변명

이 글은 중앙일보 시론 '필로티를 위한 변명'(2017.11.22)으로 게재되었음.

도시형 생활주택 88%가 필로티 구조…
포항 지진 피해로 넘어질 듯 위태위태

15일 진도 5.4의 지진이 발생한 포항에서 몇몇 필로티 구조 건물의 기둥이 심각하게 파손돼 위태로운 상태가 되면서 유사 건물에 대한 내진 보강이 시급하다는 지적이 나오고 있다.

1층의 외벽을 만들지 않고 주차장 등으로 활용하기 위해 기둥으로만 건물을 받치게 설계하는 구조를 '필로티'라고 하는데, 이번 포항 지진에서 이런 필로티 구조의 건물 기둥이 엿가락처럼 휜 사실이 전해지며 불안감이 커지고 있는 것이다. (2017.11.16, 동아일보)

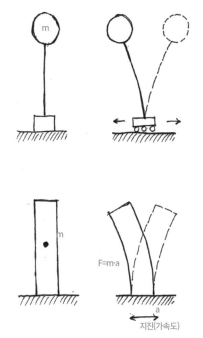

지진의 정체는 가속도다. 가속도는 질량을 만나면 힘이 된다.

포항 지진으로 국민들은 생소한 건축용어 하나를 학습하게 되었다. '필로티', 주차장 등으로 사용되는 1층이 벽 없이 기둥으로만 지어지는 건축구법(建築構法)을 일컫는 말이다. 많은 언론이 필로티 건축의 구조적 위험성에 대해 말하고 있다. 이로써 필로티 건축에 사는 수많은 이들이 불안해하고 있지만 이는 범인을 잘못 지적한 것이다.

'필로티 구조'가 아니라 내진 성능이 없는 '필로티 기둥'이 문제이며 불행하게도 이는 필로티 여부를 떠나 대부분 국내 소형 건축물 모두의 문제이기도 하다.

지진이 나서 건물이 무너지는 것이나 자동차 사고로 머리를 다치는 것은 과학적으로 같은 공식으로 설명이 된다. 뉴턴의 제2 법칙 즉 'F=m·a(힘은 질량 곱하기 가속도)'이다. 지진의 정체는 가속도다. 땅이 좌우, 상하로 흔들리면서 만드는 가속도는 건물이라는 질량을 만나 힘이 되어 건물을 파괴한다.

자동차가 충돌하여 순간적으로 속도가 변할 때도 (마이너스) 가속도가 생긴다. 이것이 머리라는 질량을 만나면 힘이 된다. 머리의 입장에서는 차 유리가 이 힘으로 때리는 것이고 유리의 입장에서는 머리가 날아와 치는 것이 된다.

그래서 안전벨트를 매라는 것이다. 벨트는 머리와 유리가 부딪힐 거리를 허용하지 않기 때문이다. 그럼에도 종종 뇌진탕이 생기는 것은 두개골 안에 떠있는 뇌가 머리뼈와 충돌하기 때문이다. 뇌의 질량이 가속도를 만나서 힘으로 바뀌는 것이다.

필로티는 사람으로 치면 목이 가늘고 머리가 큰 경우이다. 이 사람의 목은 자기 머리 무게는 지탱할지라도 펀치에 대해서는 목이 굵은 타이슨보다 약할 것이며 차 사고에서도 취약할 것이다. 따라서 필로티 건축의 기둥은 건물의 무게를 버티는 동시에 지진 같은 횡력에 저항하는 역할도 겸하도록 튼튼해야 한다.[82]

그런데 2005년 이전 거의 모두이다시피 한 3층 이하 건물의 기둥은 수직 하중만 고려하여 설계하게 되어있었다. 이 기준대로 지어진 건축물들이 지진에 목이 부러지는 것은 너무도 당연한 일이다. 다만 필로티가 유독 누명을 쓰는 것은 벽 건축과 달리 여유치(횡강성)가 더 적었기 때문이며 벽 같은 은폐물이 없어서 균열이 바로 보였기 때문이다.

사고를 통해 목숨과 직결되는 배움을 얻는 현실이 슬프기는 하지만 그래도 모르는 채 거듭 당하는 것보다는 낫다. 우리는 세월호를 통해서 '평형수' 학습을 했다. 그러나 세월호 범인이 평형수라 하지는 않는다. 책임은 평형수를 뺀 그리고 빼도 되게 만든 사람들의 몫이다.

필로티 건축에 대해서도 마찬가지이다. 필로티가 문제가 아니라 왜 필로티 건축이 선호되었는가를 물어야 한다. 이는 전적으로 주차문제와 관련이 있다. 소형주택, 상가에서 법정 주차대수를 맞추려면 대지 내에 빼곡히 주차 면을 만들어야 한다. 반면 상부 건물은 대지

82
고층 건물이 저층보다 지진에 취약한 것은 건물의 무게 중심이 높이 있기 때문이다. 줄이 긴 그네가 진폭이 더 크듯이 건물의 무게 중심과 지반과의 거리가 큰 만큼 비례하여 횡변위도 커지고 지반층에는 더 큰 힘이 발생한다. 필로티 건물도 일반 건물에 비하면 무게 중심이 더 위에 있기에 취약하다. 따라서 지진을 고려하면 필로티의 기둥은 굵어야 하고 띠철근도 추가로 배근해야 한다.

다세대 주택에서 필로티를 쓸 수밖에 없는 이유는 대지 내 주차 및 조경 규정 때문이다.

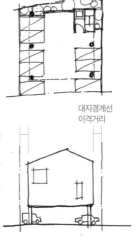

대지경계선
이격거리

1984년 주택난의 해결을 위
해 '다세대 주택'이 등장한
다. 연면적 330㎡, 2층 이하,
2~9가구로 제한하고 대지 경
계선에서 2m만 띄우면 되는
특혜도 준다. 이후 1990년에
는 임대도 가능한 '다가구 주
택'이 등장하고 공급확대를
위해 기준을 완화하여 660㎡
이하, 2~19가구, 3층 이하로
하고 다가구인 경우 이격을
1m만 해도 되게 한다. 단독주
택용으로 계획된 도로, 공원,
주차장 등 도시 인프라는 그
대로인 채 필지별로 용적만
늘어난 꼴이니 주거환경은 극
도로 열악해진다.

경계선으로부터 띄워야 하므로 일층을 필로티로 하여
차가 삐쭉 나오도록 하는 것은 논리적 귀결이다.

세월호 평형수가 저렴하도록 반강제된 여객운임과
관련이 있듯이 필로티에 대한 선호 또한 저렴 도시, 저
렴 주택과 관계가 깊다. 다세대, 다가구 주택은 단독주
택용 필지에 부피 늘림만 허용한 1980년대 주택공급정
책의 결과이다. 공공에서 책임져야 할 주차, 도로, 녹지
를 모두 개별 대지 안에서 해결하려니 설계는 퍼즐 풀기
가 되었고 이때 필로티는 모범답안이었다.

도시 및 생활 인프라 구축을 개별 필지에 전가함에 따
라 우리 도시는 공공의 입장에서는 매우 저렴한 도시가
되었다. 또 비교 열위의 주거환경으로 저렴해진 다세대,
다가구 주택은 서민층 주택문제의 묘책이 되었다.[83]

더욱이 이들 소형 건축물의 생산, 유통 주체인 소위
'집 장사'들은 스스로의 경험칙으로 기둥에서 철근을 절
감하는 방법을 잘 알고 있는 터이었다. 요컨대 세월호에
우리 사회 모두가 빚지고 있듯 목 부러진 필로티 건축
또한 개발시대를 허겁지겁 살아온 우리 모두의 자화상
이라는 말이다.

뉴턴 법칙을 알면 벌금이 없더라도 알아서 벨트를 맨다. 애꿎은 필
로티 뒤에 더 큰 메커니즘이 있음을 안다면 처방도 달라진다. '국민안
전처' 같은 허망한 조치를 했던 이들이 '필로티 금지' 따위로 슬쩍 넘
어가려는 유혹에 빠지지 않게 할 책임은 시민과 언론에게 있다.

단지 필로티 건축뿐 아니라 주택가의 소방, 교통안전 문제를 모두 다루기 위해서는 '필지별 주차 의무제'에 대한 근본적인 성찰이 필요하다. 즉, 필로티는 단지 건축 구조의 문제가 아니라 우리 도시의 문제이자 서민주택 문제의 한 국면이라는 뜻이다.

　따라서 처방 또한 공학과 규제의 문제를 넘어 주거복지와 도시재생의 차원에서 총체적으로 다루어져야 한다. 이것이 지진이 포세이돈의 분노가 아니라는 것을 아는 이 시대가 마땅히 취할 태도다.

목 부러진 필로티 문제는 다세대 주택 문제다

2018년 12월부터 3층 이상 필로티 형식 건축물은 설계 및 감리 과정에서 관계 전문 기술자의 확인을 받고 필로티 기둥 등 주요부재의 시공과정을 촬영해야 하는 등 안전관리가 대폭 강화된다. (2018.11.27, 연합뉴스)

더불어민주당 맹성규(국회 국토교통위원회 소속) 의원이 국토교통부로부터 제출받은 '필로티 건축물 내진 현황' 자료에 따르면 전국 필로티 건축물 중 6700여 채인 22.2%의 필로티 건축물은 내진설계 여부를 확인할 수 없는 것으로 밝혀졌다. (2023.10.2, 파이낸스투데이)

하느님이 보우하사 아직 한반도에 필로티 건물을 무너뜨릴 만한 지진은 오지 않고 있다. 바라건대 필로티 다세대, 다가구 주택이 자연 소멸할 때까지 그랬으면 좋겠다. 주차문제와 필로티 건물의 내진 보강은 원천적으로 병립 불가능하기 때문이다. 가장 쉽고 싼 보강 방법은 가새(bracing)를 기둥 사이에 대는 것인데 이러면 주차장이 없어진다. 그렇다고 공공주차장을 공공에서 지어줄 리는 더욱 없어서다.

2022년도 기준 다세대 주택은 228만여 호 전체 주택 재고의 12%다. 지진 문제가 아니더라도 이 주택 유형이 사라져야 할 이유는 넘친다. 필지별로 주차를 해결해야 하므로 지반층은 차의 안방이 되고 골목길은 차로 엉켜서 애들에게는 위험하고 이웃과 교류할 공간은 없다. 창을 열어 보아야 옆집 담이니 그저 방구석이다.

다세대 주택은 우리나라 건설업의 비공식 부문인 이른바 '집 장사'들의 존재 기반이기도 했다. 김사장, 이사장이 설계·시공·분양·임대까지 통으로 해결해주었다. 한국 건축 수준 하향 평준화의 공신이다. 그뿐이랴. 한해 산재 사망 1000명 중 반이 건설업의 몫이고 그중 반이 다세대 주택 현장이다. 한국 건설의 살상구역이기도 하다.

지난 40년간 이 열악함으로 주택가격 안정을 위한 저렴 주택의 소임을 충실히 했으니 이제 보낼 때가 됐다. 대규모 재개발은 다세대 주택 도입과 마찬가지로 손 안 대고 코 푸는 방식이다.

이제 그만할 때가 됐다. 가로주택 정비사업을 위한 기반시설 건설에 공공은 과감한 투자를 해야 한다.

이낙연 전 총리에게 '대책'을 물었을까?

이 글은 경향신문 기고 '이낙연 전 총리에게 '대책'을 물었을까?'(2020.5.22)로 게재되었음.

이천 물류센터 화재참사 38명 사망

경기 이천시의 물류센터 신축 공사장에서 불이 나면서 38명이 숨지고, 10명이 다치는 대형 참사가 발생했다. 가연성 물질인 우레탄폼 작업 중 발생한 유증기(油蒸氣·기름이 섞인 공기)가 용접 작업으로 급속히 연소하면서 폭발적으로 화재가 발생한 것으로 파악되었다. (2020.4.30, 동아일보)

이낙연, 이천참사 조문… 유족들 "대책 가져왔나"

이천 화재참사 합동분향소를 찾은 이낙연 전 국무총리가 재발 방지 대책을 요구하는 유족들에게 "책임 있는 위치에 있는 게 아니다. 여러분 말씀을 잘 전달하고 빠른 시일 내에 협의가 마무리되도록 도와드리겠다"고 말했다. (2020.5.6, 동아일보)

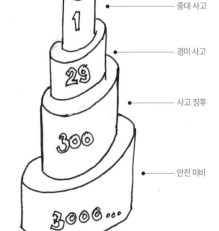

하인리히의 법칙, 중대 산업재해 1건 발생 전에 같은 원인의 경미한 산업재해가 29건, 징후가 300건 있었다는 것.

- 중대 사고
- 경미 사고
- 사고 징후
- 안전 미비

이낙연 전 총리의 말은 옳았으되 '대화'는 아니었다. 이천 화재 희생자 빈소에서의 "현직이 아니라서"라는 발언 얘기다. 비트겐슈타인은 공통의 규칙을 가지지 않은 타자(예컨대 외국인, 어린이)와의 대화만이 진정한 대화라고 말한다.[84] 유가족은 '대책'을 물은 것이 아니라 왜 거듭되느냐고 따졌을 것이다. 비대칭적 대화에 실수해서 정치인이 힐난을 받는 것은 그렇다 치자. 정작 궁금한 것은 책임자들이 같은 사고가 반복되는 이유를 제대로 알고 있기는 하는가이다.

38명이 숨진 이번 사고는 12년 전 40명이 사망한 같은 시 호법면 냉동창고 화재의 복제다. 원인조차 같다. 단열재인 우레탄을 도포하기 위해 시너에 녹이는 순간 시너는 증기가 되어 건물 전체를 채운다. 여기서 용접을 했다니 화약 창고에서 불놀이하는 꼴이다. 어떻게 어처구니없는 행위의 조합이 12년이 지나서도 그대로일까? 이유는 두 가지다.

첫째, 우선 우레탄 발포와 용접 사이의 인과관계가 명확하지 않다는 점이다. 실내 환기 상태, 이격 거리 등에 따라 화재로 연결되지 않았거나 쉽게 제압하곤 했다면 시공자로서는 '해볼 만한' 내지 '해도 되는' 일이 된다. 특히 마감에 쫓겨 9개 업체 78명을 동시 투입하였다니 당연히 시도했을 일이다.[85]

둘째, 위험방지 규정과 감독자가 있으나 허깨비라는 점이다. 가연물이 있는 건물에서의 불꽃 작업은 소화 기구와 비산 방지 덮개를 구

84
문법을 공유하지 않은 상태의 대화가 진짜 대화라는 뜻이다. 말을 말한 그대로 받아들이면 말 너머에 있는 전하고자 하는 뜻을 놓친다.

85
사고가 안전 불감증에 의해 생긴다는 말은 헛말이다. 행위자는 사고 날 확률, 사고 시 치러야 할 대가, 감행하여 얻을 효용 등을 철저히 비교 계산한 후 위험을 감수한다. 즉 사고는 위험한 줄 알면서도 요행을 바라며 모험하다가 일어나는 것이다. 극한 스포츠와 매한가지다.

1931년 보험사 임원이던 허버트 윌리엄 하인리히는 산업재해 사례 분석을 통해 하나의 통계적 법칙을 발견하는데 중대한 산업재해가 1건 발생하면 그 전에 같은 원인의 경미한 산업재해가 29건, 징후가 300건 있었다는 것이다. 이를 하인리히 법칙 혹은 1:29:300 법칙이라 한다.

비하고 해야 하며 상주 안전관리자가 감시하는 것이 산업안전보건법의 규정이다. 그러나 공기와 공사비에 압박받는 현장소장이나 사장에 맞서 원칙을 우길 안전관리자란 현실에는 없다.

결국 하인리히 법칙대로다.[86] 소방청 통계에 따르면 지난 5년간 불꽃에 의한 화재는 5825건, 32명이 숨졌다. 2008년 호법면 냉동차고 사고 후 잠깐 멈칫하다 2013년부터 다시 늘어나 매년 1000건 이상이다. 이번 사고는 이 많은 전조 후에 찾아온 본 파도에 다름 아니다.

그럼에도 사고를 맞아 내놓는 정부, 여당의 대책을 보면 마찬가지로 동문서답이다. 이해찬 대표는 애꿎은 샌드위치 패널을 탓하며 '건축자재 안전기준'을 개선하겠단다. 급조된 '건설현장 화재안전 범정부 TF'는 녹음기 수준의 위법사항 엄중 처벌 타령이다.

처벌강화는 이미 한계다. 2008년 사고 사업주가 2000만 원 벌금이었던 반면 김용균법(2020년 개정 산업안전보건법)까지 적용되면 이번에는 7년 이상 징역이 예상된다. 샌드위치 패널 역시 범인이 아니다. 원가 줄이려 사고마저 감수하겠다는 사업주, 시공자에게 비주거용인 창고마저 비싼 난연성 자재로 지으라는 것은 현실 모르는 처방이다.

핵심은 왜 위험한 행위의 조합이 여전히 감행되는가이다. 고용노동부 자료에 의하면 시공사 '건우'의 2018년 '환산재해율'은 4.5%이다. 100명 중 4.5명이 재해를 당했다는 뜻으로 건설업 평균의 무려 6배다. 당연히 관급공사는 어려웠을 것이고 가격으로 수주하는 민간 공사를 맡아 모험을 하며 손익을 맞추다 사달이 난 것이다.

근본적 해결방안 또한 중소 규모 건설산업 생태계에서 찾아야 한다. 여러 노력으로 작년 전체 산재 사망은 7.6% 줄었으나 사망자 수의 절반을 차지하는 건설은 겨우 2.6% 줄어드는 데 그쳤다. 이마저 공기업, 대형 현장의 감소분으로 중소형 민간 현장은 요지부동이다. 여기는 처벌과 규정 강화라는 약발이 안 듣는다. 개발연대 이후 반세기 동안 저가, 속도, 모험이 이미 '문화'가 된 곳이기 때문이다.

정부는 시장을, 법 제도는 문화를 이길 수 없다. 또 하나의 공허한 약을 내놓느니 이참에 '건설문화 혁신운동'을 일으키면 어떨까? 목표는 '신용 기반형 건설'이다.[87] 제대로 값을 치르는 대신 안전과 성능에 관한 한 무한 책임을 묻는 것이다. 재해율에 따라 보험 요율을 차등화하고 원스트라이크 아웃제를 실시하면 머지않아 좀비 건설사들은 저절로 퇴출될 것이다.

지난 50년을 뜯어고치는 지난하고 오래 걸리는 일이다. 그렇기에 유족들은 (당신이 대권을 생각하는 분이라면 어쩌시겠냐고) 이 전 총리에게 울부짖은 것이 아닐까? 그런데 "현직이 아니라서"라니.

87
신용 기반형의 대표적 사례가 자동차 보험 할증제다. 많은 선진국은 규제로 위험을 줄이는 대신 민간의 자율과 통제에 이를 맡긴다. 사고에 대해 보험사가 보상하고 사고 원인자에게 구상권을 청구하든지 보험요율을 대폭 올린다. 사고 두 번이면 높은 보험료로 자동 퇴출이다.

지금은

출산도 중요하나 제명대로 살기도 중요하다

이 사고 이후 2022년 2월 '건축자재 등의 품질인정 및 관리기준'이 마련되어 700도 불에 10분 이상 견디는 준불연재료로 샌드위치 패널을 만들도록 기준이 바뀌었다. 그러나 기존 영세업자들의 부담을 덜어준다는 이유로 경과 규정을 만들었는데 이 사이 샌드위치 패널에 의한 사고가 계속 일어나고 있다. 최근 5년간 샌드위치 패널로 지어진 건물에서 발생한 화재는 1만 5911건, 사망 96명, 부상 912명이다. (2024.2.1, 조선일보, 파이낸셜뉴스 등)

2014년 세월호 참사 이후 10명이 넘는 사망자를 낸 사회적 재난 7건 가운데 국회에서 가장 많이 언급된 재난은 이태원 참사였고 다음이 이천시 물류창고 화재라 한다. 그만큼 사회적 파장이 큰 참사였는데 제도개선 중 눈에 띄는 것은 '샌드위치 패널 성능 개선' 하나이다.

그것조차 업계의 어려움을 살피는 국토부의 미적거림 덕분에 이행되지 못하고 있고 사고는 계속되고 있다. 올해 1월 소방관 2명이 순직한 문경의 육가공품 공장 화재를 키운 원인도 샌드위치 패널이었다. 급기야 경실련 등이 나서 국토부에 조속 시행을 촉구하고 있다.

저비용, 고위험으로 고착된 건설산업 생태계를 바꾼다는 것이 얼마나 어려운 일인지 다시금 보여주고 있다. 규제, 처벌로 되었을 일이면 일찌감치 됐겠다. 인구감소 위기에 부총리를 둔다고 한다. 출산도 중요하나 제명대로 사는 것도 못지않게 중요하다. 한국인들의 수명을 지키기 위해 건설산업 생태계 전환의 업무도 인구 부총리에게 맡기는 것은 어떤가?

부차적인 얘기이기는 하지만 이낙연 전 총리는 현직이 아니라는 양보 구문은 굳이 왜 달았을까? 매사 빈틈이 없어서 그러셨겠으나 정치인은 오히려 말 없는 것이 더 말하는 것일 수도 있다. 오바마의 '51초 침묵의 연설'이 생각난다.

2011년 1월 오바마는 애리조나 총기 난사 사건 희생자 추모 연설을 한다. 숨진 8세 소녀 크리스티나 그린을 언급하며 "나는 우리의 민주주의가 크리스티나가 상상한 것과 같이 좋았으면 한다."라고는 갑자기 침묵에 들어갔다.

호흡을 가다듬었고 허공을 쳐다보다가 눈을 껌벅였다. 이윽고 51초 만에 다시 연설을 시작했다. 바로 전까지 나라가 두 쪽 날것처럼 네 탓을 하던 논쟁이 그날로 사라졌다 한다.

단 한 사람이 참사를 막는다

이 글은 중앙일보 시론 '세종 대왕이라면 제천 참사 막았 다'(2018.1.6)로 게재되었음.

제천 참사, '2층 참사, 3층 무사' 비상구가 갈랐다

21일 충북 제천 스포츠센터 화재로 희생된 사망자 29명 중 20명은 2층 여자 사우나에서 발견됐다. 3층 남자 사우나에 있던 이용객 대부분은 목숨을 건졌다. 삶과 죽음을 가른 것은 비상구였다. 3층에 있던 사람들은 건물 구조를 아는 사우나 이발사가 비상구를 안내해 탈출했다. 2층 여성들은 비상구를 찾지 못했다. 알 수도 없었다. 비상구로 통하는 공간은 창고로 사용하고 있었다. 선반이 양옆으로 설치되어 있어 좁았고 비상구임을 알리는 비상등도 꺼져 있었다. (2017.12.23, 조선일보)

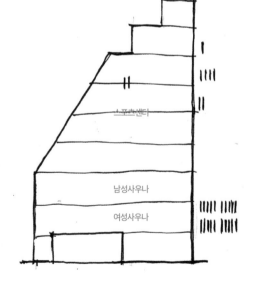

제천 스포츠센터 화재 층별 사망자 수

2014년 2월 경주 마우나 리조트, 강당 지붕에 70cm 두께로 쌓인 눈을 모두 솜이불 정도라고 생각했던 게다. 교수, 학생, 관리자 500명 중 그것을 '초과 하중'이라며 거둬내야 한다고 지적한 이가 한 사람도 없었다. 결국 10명이 죽고 100여 명이 다쳤다.

같은 해 10월 판교 테크노밸리, 축제 공연을 보기 위해 환풍구 덮개 위로 사람들이 올라갔다. 덮개의 지지 볼트가 그 무게를 견디지 못할 것이라며 제지한 사람이 군중 가운데 하나도 없었다. 16명이 죽고 11명이 다쳤다.

2017년 12월 제천, 배연창과 스프링클러가 망가졌는데도 신고한 이가 하나 없었고, 여성 사우나의 비상구를 미리 보아두거나 알리는 사람 또한 한 명도 없었다. 여기서 29명 중 20명이 숨졌다. 단순 사고와 대형 참사는 종이 한 장 차이이다. 손으로 둑을 막은 네덜란드 소년[88]같이 단 한 사람이라도 그 전조 중 하나를 읽어내면 기사 댓 줄짜리 사고나 미담으로 끝난다.

그렇지 못할 때 그 사고는 온 국민을 비통케 하는 참사가 된다. "세월호 이후 달라진 것이 뭐냐"는 제천 유가족들의 오열에 할 말이 없는 것은 우리 사회는 '그 한 사람'을 얻는 것을 아직 못하고 있기 때문이다.

경주 사고에서는 PEB를 책망했고[89] 판교 때에는 행

88
물론 역사에는 그런 사실이 없다. 미국 아동문학가 메리 맵스 도지의 동화 〈한스 브링커 또는 은빛 스케이트〉에 나오는 이야기다. 역사적 사실은 아니더라도 작은 물줄기를 그대로 두면 파이핑(piping) 현상에 의해 둑이 붕괴에 이르는 것은 공학적 사실이다.

89
PEB(Pre Engineered Beam)은 공장에서 미리 제작한 철골 부재를 말한다. 사고 후 설계, 시공사를 샅샅이 뒤져 결함을 발견해 처벌했다. 그런데 이것이 사고의 근본 원인이 아니다. 이미 전날부터 경북 일대에 폭설이 내려 PEB로 지은 창고 여럿이 무너졌고 인명 피해까지 있었다. 그렇다면 이를 보고받았을 중대본 등에서 해당 읍면 사무소에 지침만 주었어도 될 일이었다. 눈 치우는 것? 쉽다. 뜨거운 물 뿌리거나 올라가 삽으로 치우면 된다. 이걸 안 한 공무원은 제치고 애꿎은 PEB 처벌만 했다.

사 담당자가 목숨을 끊었다. 이번에도 건축주, 필로티, 드라이비트, 골목 주차 등 수많은 범인이 거론되고 있다. 곧 나올 정부의 대책은 늘 그랬듯 규제와 처벌 위주가 아니길 바란다. 그러나 건축주 처벌 말고는 '대책 없는' 대책일 것임을 대개들 짐작한다. 열거된 원인 들을 전부 교정할 수단과 비용을 우리는 감당 못 할 것이기 때문이다. 그러니 거듭 일벌백계와 규제강화에 의존하게 된다.

이 악순환을 멈출 지혜는 세종대왕에게 배움 직하다. 그 당시 곡물상이 무게를 속인다는 민원이 많았나 보다. 일벌백계 엄한 처벌을 주장하는 신료들에게 세종은 엉뚱한 해법을 내놓는다. 저울을 많이 만들어 보급하라는 것이었다.

과연(!) 상인들의 저울 독점을 깨니 속임수가 저절로 없어졌다. 푸코는 체벌에서 감금(감시)으로의 전환을 근대의 시작으로 본다. 국가의 처벌이 아닌 백성들의 상호감시를 통해 범죄를 없앨 수 있다고 여긴 세종이야말로 근대 군주다.

세종은 일찍이 근대 국가가 해야 할 일을 제시하였다. 그가 창제한 글자, 시계, 악보, 도량형, 활자, 천체 측각기, 측우기 등은 모두 계측(measurement)과 기준(standard)에 관한 것이다. 즉 국가는 '통치'가 아니라 '심판'을 보는 역할에 그쳐야 한다는 뜻이다.

이는 국가의 기본 책무인 국민의 재산과 생명을 지키는 일에도 적용된다. 규제와 처벌을 강화하면 사고는 줄지라도 엄청난 행정비용과 경찰국가[90]의 위험을 안아야 한다. 결국 '정의와 비용의 딜레마'를 풀 길은 국가는

90
미국의 정치가 배리 골드워터는 "모든 것을 해줄 수 있는 정부는 모든 것을 빼앗을 수 있다"라 했다.

208

기준을 만들고 감시와 예방의 의무는 시민사회와 나누는 방법 말고는 없다.

눈 뜬 '한 사람'이 모든 곳에 있게 하기 위해서는 아직은 불편한 두 가지가 자연스러워져야 한다. 일상적인 '학습'과 관습화된 '감시'이다. 경주와 판교의 경우처럼 최고 교육을 받은 사람조차 목숨이 걸린 지식에는 무지하기 일쑤다. 심지어 건축과에 들어온 학생 중에도 고교 물리학을 배우지 않은 친구가 반 이상이다. 사정이 이렇다면 국민의 생명과 직결되는 기본적인 과학/공학 지식은 국가가 지속적으로 채워 주어야 맞다.

노벨상을 수상한 경제학자 스티글리츠는 삶의 질 개선은 분배의 효율성보다는 그 사회의 학습능력과 더 관계가 있다고 본다. 학습사회는 개인의 잠재력을 극대화해 지식경제를 촉진함은 물론 더욱 안전한 세상이 되게도 할 것이다. 정부는 소방 장비와 소방대원을 늘리는 동시에 국민안전 교육 프로그램과 플랫폼 또한 개발, 보급해야 한다.[91]

대형 참사가 날 때마다 나오는 '안전 불감증', '국민 안전의식' 타령은 이제 진부하다. 문제는 의식이 아니라 시스템이다. 기능 중심형 행정체계를 장소 중심형으로 전환해야 한다. 제천 소방대는 건물도면도 없이 투입되었다.

건축행정 따로, 소방행정 따로의 결과이다. 평소 위

91
사고 당시 제천소방서가 보유한 고가사다리차와 굴절차는 각각 1대뿐이었다. 제천소방서 관계자는 "이런 장비가 더 있었어도 이렇게까지 참사로 이어지지 않았을 것"이라고 안타까워했다. 인력 부족도 심각해서 화재 진압 요원 30명이 3교대로 근무했다. 쉬는 직원까지 불러 출동해야 해 초동 대처가 늦다. 예산과 직결된 문제다. 쉽지 않다.

생, 주차, 도시정비 등 관련 공무원은 건물에 와서 자기 볼 것만 보고 갔을 것이다. 내게 주치의가 필요하듯 건물에도 많은 전문의가 아닌 하나의 가정의가 필요하다.

미국 소방대원 115만 명 중 의용 소방대원이 80여만 명이며 95%가 소규모 지역에 속해있다. 이들은 지역 내 모든 시설에 정통한 가정의다. 평소에는 감시와 예방을 하며 사고 시 전문 소방대와 협업한다. 날로 복잡/복합화 되는 현대건축을 칸막이 행정으로 다룰 시대는 지났다. 시민들을 학습시켜 장소 중심형 파수꾼으로 파송하라.

날로 주는 소방 인력, 시민 소방대 말고 답이 없다

청주지법은 제천 스포츠센터 화재 관련 화재 예방·소방시설 설치유지 및 안전관리법 위반 등 5개 혐의로 구속기소 된 53살 이 모 씨에게 징역 7년과 벌금 1천만 원을 선고했다. 또 발화지점인 1층 천장에서 얼음 제거작업을 한 건물 관리자 김 모 씨에게 징역 5년을 선고했다. (2018.07.13, SBS)

이 사고는 비상구를 막아 놓은 건물주와 이를 방치한 소방 당국의 무책임이 함께하여 일어난 참사다. 불이야 언제 어디서든 날 수 있다. 그러나 목숨은 앗기지 않아야 한다는 것이 건축 안전의 대전제다. 건축물의 주요부를 내화 구조로 하는 것은 대피하기 전에 붕괴를 막기 위함이고 마감재를 불연재로 하는 것은 연기로 인한 대피 중 피해를 방지하기 위해서다. 각종 감지 장치로 발화를 찾아내고 방화문, 비상구를 통해 피난을 확보해야 한다. 지을 때는 물론 평소에도 유지되어야 한다.

그런데 이 모든 것이 비용이다. 건물주는 비용 절감을 위해 규정을 위반하려 하고 이를 적발해야 할 소방 당국은 비용이 없어 종종 놓친다. 예산 타령만 하다가는 영원히 숨바꼭질이 벌어진다. 결국 안전 소비자이자 사고 나면 피해 당사자가 되는 시민들이 나설 수밖에 없다. 내 목숨은 내가 지키자는 말이다.

이 사고 이후 순직·공상 소방 공무원 수는 2018년 830명, 2019년 827명, 2020년 1006명, 2021년 936명, 2022년 1083명, 2023년 1336

명으로 계속 늘고 있다. 순직 사고만 해도 지난 10년간 40명에 달한다. 왜일까? 화재·구조 출동 건수는 늘고 있는데 오히려 소방관 채용수는 5671(2018년)에서 156명(2024년)으로 급감했기 때문이다.

한계 상황에 온 것이다. 우리도 의용 소방대가 있다. 옷만 입혀 생색만 내지 말고 미국처럼 전문 소방 교육을 실시해 시민의 생명과 안전을 지켜야 한다.

안전한 세상은 거저 오지 않는다

이 글은 중앙일보 시론 '안전한 세상은 공짜로 오지 않는다'(2018.2.1)로 게재되었음.

'밀양 방문' 文 대통령 "국민께 송구…화재 안전관리 강화할 것"

문재인 대통령은 27일 37명의 희생자가 발생한 경남 밀양 화재참사 현장을 찾아 "국민께 송구스러운 심정"이라며 향후 화재 안전관리가 강화될 수 있도록 정부 차원의 대책을 세우겠다는 의지를 나타냈다.… 문 대통령은 "요양병원과 일반병원은 큰 차이가 없는데도 스프링클러나 화재방재 시설의 규제에서 차이가 있는데 건물을 이용하는 이용자 상황 실태에 따라서 안전관리 의무가 제대로 부과돼야 하지 않을까 싶다"라고 말했다. (2018.1.27, 뉴스1)

밀양 세종병원 화재 시 2층(20명), 3층(9명)에 사망자가 집중된 것은 불법 증축으로 피난계단이 모두 막혀있어서였다.

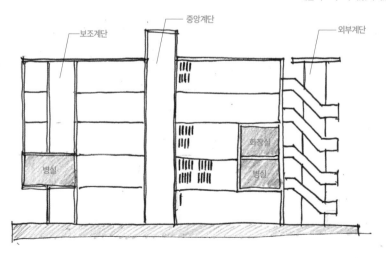

보조계단　중앙계단　외부계단

화장실

병실　병실

화불단행(火不單行)인가. 제천 참사 충격이 가시기도 전에 밀양에서 또 큰 화재다. 불 재앙을 막는 관건은 초기 진압과 피난이다. 각종 감지장치 및 옥내 소화전, 스프링클러는 커지기 전에 불을 다스리는 장치다. 비상통로, 배연창, 방화문과 스모크 타워는 피할 시간을 벌어주는 역할이다. 두 사고 모두 둘 다 작동하지 않았다.[92]

이번에도 건물주의 욕심이 화를 키웠음이 곳곳에 보인다. 보이지 않는 비상구, 불법 증축, 과밀 병상 등. 우원식 여당 원내대표 말마따나 "이번 사고도 무분별한 규제 완화와 이윤 중심적 사고"가 원인인 듯하다. 그렇다면 이낙연 총리의 "안전 취약 지역 29만 곳에 대한 국가안전대진단"이 처방이 될 수 있을까? 글쎄다. 대통령이 "거듭된 참사가 발생한 데 대해 참담하고 송구하다."고 거듭 말씀하지 않기를 바란다.

1911년 맨해튼의 트라이앵글 셔츠웨이스트(Triangle Shirtwaist) 봉제 공장에서 화재가 났다. 공장주가 비상통로 문을 잠가 놓아 10~20대 소녀 146명이 도로 위로 하염없이 떨어져 죽었다.[93] 이 핏물로 시민, 정치인, 노동단체들은 공공안전위원회를 만들어 강한 규제를 만든다. 이후 미국에는 9.11 때까지 이보다 큰 건물에 의한 인명사고는 없게 되었다. 당시는 미국도 하루 100명씩 죽는 고위험 사회였다. 싼 목숨값 때문이다. 골드러시 때 사람 목숨값은 노새보다도 못했다 한다.

한 시대의 사고 발생률은 당대의 목숨값과 반비례한다. 50년 전 경부고속도로는 29개월 만에 77명의 사망자를 기록하며 완성되었다. "터널 공사에서 수맥이 터질까 두려워 작업자가 주저하고 있으면 서슴지 않고 착암기를 뺏어 들고 직접 바위를 깨고는 했다."라는 현대 정 회장의 자해형 리더십도 일조를 했을 터이다. 최근 고속도로 건설 km당 사망자 수는 1/9.3로 줄었으니 그사이 목숨값이 10배 비싸지기는 했다. 그러나 소득은 150배 늘었으니 여전히 우리 사회는 목숨값이 싸다 해야 할 것이다.

정 회장의 '용감 무식'은 비판의 대상이 되기는커녕 제천이나 밀양 건물주같이 남의 생명에 책임 있는 이들이 본받아야 할 바가 된다. 그러고는 이 생명 무시 사고 방식을 종종 '안전 불감증'이라는 용어로 둔갑시킨다. 천만에다. 이러한 위험 감수는 '불감증'이라는 병리적 현상이 아니라 오히려 철저한 '타산적 합리성'에 근거한 행위다.

1911년 미국 뉴욕 맨해튼 봉제 공장 화재

세종병원도 10%나 되는 면적을 불법 증축했으면서도 6년 동안 3천여만 원의 '껌값' 수준의 이행강제금을 내며 버텼다. 불이 나든지 하여 불법 증축한 행위가 소급 처벌될 확률보다는 당장의 이익이 될 기여도가 높았기 때문이다.

그러므로 정부도 '일제 점검' 같은 허무한 대책보다 실효성 있는 대안을 내놓아야 한다. 안전을 담보 잡는 불법 건축을 막으려면 건물주의 경제효과를 상쇄시키

는 수밖에 없다. 예컨대 이행강제금 100배 인상 정도가 제격이다.

세월호는 국민적 공분으로 유병언법(범죄 수익 은닉 규제 및 처벌법)을 만들었다. 이번에도 실효성 있는 대책이 되려면 사고를 내면 엄청난 개인적, 사회적 대가가 따른다는 것을 깨닫게 될 만한 조치여야 한다. 정부는 찔끔 규제강화에 기대지 말고 1911년 미국 같은 사회적 대합의를 유도해야 옳다.[94]

규제와 처벌보다 비용이 적게 드는 것은 당연히 감시를 통한 예방이다. 다른 말로 '시스템'이며 대통령도 연두 회견 때 강조한 바이다. 그러나 아이러니하게도 공무원은 이를 선호하지 않는다. 보편적 기준에 의해 규제/처벌하는 것에 최적화되어있는 그들에게 평소 개별 대응을 해야 하는 감시/예방은 서툴뿐더러 귀찮다.

따라서 이 분야야말로 민관 협치가 반드시 필요하다. 필자는 '건물별 주치의' 제도를 제안한 바 있다. 제천 스포츠센터, 밀양 병원에서 안전관리를 평소 챙기는 공적인 사람 하나만 있었어도 이런 일까지 벌어졌을까? 인구 11만, 14만 명의 두 도시에 건축, 소방 공무원은 절대적으로 부족했을 터이고 건물주들은 지역유지 노릇을 하며 법망을 피했으리라 짐작된다. 눈 뜬 시민이 주체가 되는 시스템이어야 하는 이유다.

이제 감시는 사람 없이도 한다. 사물형 인터넷(IoT) 기술은 건물의

94
봉제 공장 희생자 장례식에 시민 10만 명이 운집했다. 나중에 루스벨트 정권에서 12년간 노동 장관을 하며 아동 노동 제한, 주당 40시간 노동 시간제, 고용보험, 최저임금제, 30%에 달하는 노조 가입을 이룬 프랜시스 퍼킨스는 "그날이 뉴딜의 시작"이었다고 말한다. 이후 뉴욕 주에서는 60여 개의 산업안전 관련 법안이 새롭게 제정되었다. 여기에는 식사 개선, 화장실 증설에서부터 비상구 증설, 방화벽 설치, 비상구 및 소화기에 대한 접근성 제고, 경보 시스템과 자동 스프링클러 설치 등의 규정이 망라되었다.

모든 부위 차원에서 화재, 변형을 감시하고, 3차원 가상현실(3D VR)로는 재난과 범죄를 재현하여 예방책을 만든다.

빌딩 정보 모델링(BIM, Building Information Modelling) 기법은 건축 자재 단계에서 공간정보까지를 모두 담아 유지, 관리할 수 있으며 영국 공공건축에서는 이미 강제사항이다. 공공적 이익을 위한 미래 기술에 대한 투자와 활용은 민간이 아닌 정부가 해야 한다.

'안전한 세상'은 거저가 아니다. 안전은 비싸다. 참담과 처벌로 오지 않는다.

모처럼 여야가 한목소리를 냈다 "쇼"라고

화재로 159명의 사상자를 낸 경남 밀양시 세종병원 법인 이사장에게 징역 8년과 벌금 1000만 원을 선고한 원심이 확정됐다. "수차례 불법 증축이 이뤄진 노후 건물로 화재 위험에 매우 취약한 상태였고 입원환자 대부분이 고령 환자들이어서 대규모 인명 피해가 발생할 수 있음에도 노후 전기배선 교체 등 주의 의무를 하지 않았다"라고 1,2심은 판시했다. (2024.5.24, 법률신문)

이 사고는 전기 합선이 원인인 화재지만, 참사가 된 것은 불법 증축을 일삼으면서도 화재 예방 조치를 하지 않아서 거동이 힘든 환자들이 유독 가스로 피해를 입었기 때문이다. 유독 가스를 발생한 주범은 외장재로 쓰인 드라이비트다. 스치로폼 위에 외장 마감 칠을 하면 단열도 되고 외장도 해결되어 저급건축에 애용하는 제품이다.

2009년부터 화재 시 위험이 지적되어 금지 논의가 있었으나 도시형 생활주택을 장려하던 국토부 반대로 무산되었고 급기야 2015년 의정부 사고가 나서야 6층 이상 금지 규정이 생겼다. 2018년 제천, 밀양 참사가 발생하니 결국 그해 10월, 3층 이상 금지로 확대되었다.

입이 아프나 또 얘기할 수밖에 없다. 비용의 문제다. 주택가격 안정이 지상과제인 국토부로서는 자투리땅 고밀 주택인 도시형 생활주택을 활성화해야만 했고 가격 경쟁력을 갖추게 하려니 '고위험 저비용'의 드라이비트를 금지할 수 없었다. 영리를 목적으로 의료법인을 인수하여 이른바 '사무장 병원'으로 운영한 밀양 세종병원의 이사장이 충분히 안전한 건물을 추구했을 리 또한 없다.

사고는 이렇게 자기 이익을 추구하는 주체들이 내리는 고도로 합리적인 선택의 조합에 의해 생기는 결과다. 어떻게 이를 '안전 불감증'이라는 병적이고 일탈적인 증세로 해석할 수 있겠는가.

안전과 비용은 상호모순 관계다. 또한 드라이비트 사례에서 보듯 정부 또한 사고의 원인 제공자 중 하나이기 때문에 규제와 처벌만으로 안전을 확보하려다가는 자기모순에 빠진다. 그러므로 안전은 정의/불의라는 이분법으로서가 아니라 비용의 문제로 풀어야 한다. 나아가 우리 사회가 원하는 안전은 어느 만큼이고 이에 드는 비용은 얼마인지부터 사회적 합의를 통해 따져야 한다.

해결될 조짐이 있다. 밀양 사고 때 야당 홍준표 대표는 문 대통령 방문이 쇼라며 "이번에도 쇼로 정치적 책임은 지지 않고 뭉개고 가는지 지켜보겠다"라 했다. 2024년 1월 윤석열 대통령의 충남 서천특화시장 화재 현장 방문에 대해 야당 이재명 대표는 "절규하는 피해 국민 앞에서 그것을 배경으로 일종의 정치쇼를 한 것은 아무리 변명해도 변명이 되지 않을 것"이라고 언급했다. 모처럼 정치권이 같은 목소리를 냈다. "쇼"라고.

정의는 비용이다

1. 안전 불감증: 위험의 감수는 타산적 합리주의

크든 작든 사고가 날 때마다 상투적으로 따라붙는 용어가 있다. "이번에도 안전 불감증", 필자가 제법 사고에 대한 조사를 하고 글도 썼으나 그 '증'에 걸린 사람들의 보편적 '증세'에 대한 그 어떤 정보도 얻은 적이 없다.

이 사람을 한번 보자. "그는 10층 높이만 한 철 구조물 89개를 바지선에 싣고 태평양과 인도양을 19차례나 오가며 사우디까지 옮겼다. 보험을 들라 하니 쓸데없는 소리라 했다." 어떤가. 안전 불감증 중에도 중증 아닌가? 정주영 현대 창업 회장 얘기다.[95] 그런데 이분을 이 증 환자라 했을 때 동의할 사람은 없을 것이다.

'안전 불감증'이란 용어를 쓰는 속내는 사고 배후에 숨어있는 복잡하고도 다기적인 원인을 드러내는 것이 싫어서, 혹은 귀찮아서다. 일단 드러난 사고 행위자에게 이 '증세'를 씌우면 쉽게 원인 규명을 마쳤다고 할 수 있어서 사용되는 고약하면서도 지적으로 태만한 용어다. 적어도 언론은 이 용어를 남발하면 안 된다는 것이 필자의 생각이다.

사고는 천재지변이 아닌 이상 행위자의 위험 감수로 인

95
1976년 현대건설이 수주한 주베일 산업항 공사 얘기다. 유조선 접안용 데크를 위한 철제 자켓을 울산에서 제작해 바지선과 예인선을 동원해 운반했다. 수주 금액 9.4억 달러는 우리나라 한 해 예산의 25% 규모였다. 이 덕에 우리나라는 오일쇼크에 의한 외환 위기를 극복한다.

10층 높이만 한 철 구조물을 바지선에 싣고 태평양과 인도양을 19차례나 오가며 사우디까지 옮겼다.

하여 발생한다. 안전 불감증이라면 위험에 무감각하다는 말인데 무감각한 위험 감수자는 있을 수 없다. 산에 가는데 들에 가는 느낌이라면 이는 '병'이지 '증'이 아니다. 오히려 위험을 감수하는 행위자는 합리적인 판단에 따른다. 위험 감수로 인한 성공으로 얻을 효용과 실패할 경우의 비용을 냉철하게 따져 행위 한다는 뜻이다.

밀양 세종병원 화재, 이 이사장은 불법 증축과 전기 수리비용 절감으로 얻게 될 이득을 따진 후 이행강제금 및 사고 나면 치르게 될 대가를 사고가 일어날 확률과 함께 계산했을 터이다. 제천 스포츠센터 화재, 마찬가지, 비상구까지 막아 알뜰하게 공간을 이용하고 배연창, 스프링클러, 자동문 등을 제때 고치지 않았으나 소방점검 때 벌금 좀 내면 된다고 계산했을 것이다. 심지어 진짜 화재가 나면 "할 수 없지 몸으로 때우지 뭐"라고까지 생각했을 법하다.

요컨대 '안전 불감증'이라는 병리적 상태를 암시하는 용어로는 이들의 위험 감수 행위를 설명할 수 없다는 얘기다. 위험을 감수하는 동기는 모든 사고마다 모두 다르다. 비용을 치를 여유가 있음에도 사고의 확률이 무시할만하다 판단해 그럴 수도 있고 여력이 되지 않아 피치 못하게 위험을 감수하는 경우도 있다. 이천 물류창고 화재 사고가 이런 유형이다. 공기와 비용에 심하게 쫓기는 시공사 입장에서는 위험인 줄 알면서도 상극인 두 '공종'을 동시 진행할 수 밖에 없었던 거다.[96]

따라서 사고의 원인을 분석할 때는 경제적 동기나 경제적 압박에서 요인을 찾아야 한다. 사고의 방지책 또한 여기에서 찾아야 함은 물론이다. 그럼에도 불구하

96
최종 감식 결과는 유증기에 용접 불꽃이 튀어 화재가 발생한 것은 아니라 우레탄에 직접 불꽃이 튀어 불이 난 것으로 드러났다.

고 이는 여간 힘든 일이 아니다. 경제적 요인은 그 산업 생태계, 더 나아가 사회 전체의 비용 구조와 맞물려 있기 때문이다.

세월호 사고를 복기해보자. 왜인지에는 여러 설이 있으나 ① 직접 원인이 항해사가 큰 각도로 변침을 하여 배가 한쪽으로 기울어졌고 복원력을 잃어 전복된 것임에 대해서는 이견이 없다. ② 복원력 상실은 오뚜기의 추 역할을 하는 평형수를 빼서다. ③ 평형수를 뺀 것은 컨테이너를 실었기 때문에 무게의 총량을 맞추기 위해서다. ④ 컨테이너 적재는 여객운임만으로는 수지를 맞추지 못해서다. ⑤ 여객운임은 정부의 승인 사항이었다.

사고를 추적하다 보면 결국 돈 문제에 도달한다. 여기서 선주는 손해를 보느니 위험을 감수하기로 하는 '타산적 합리주의'에 의해 의사결정을 한 것이다. 그리고 그 배후에는 정부와 사회가 용인할 수 있는

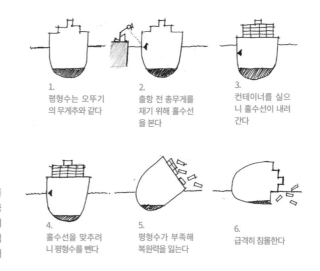

1.
평형수는 오뚜기의 무게추와 같다

2.
출항 전 총무게를 재기 위해 홀수선을 본다

3.
컨테이너를 실으니 홀수선이 내려간다

4.
홀수선을 맞추려니 평형수를 뺀다

5.
평형수가 부족해 복원력을 잃는다

6.
급격히 침몰한다

세월호 침몰 원인은 복원력을 상실해서다. 컨테이너 무게만큼의 평형수를 빼서 일어난 일이다. 컨테이너 적재는 여객운임만으로는 수지를 맞추지 못해서다.

여객운임이 있었다. 그러므로 이 사고의 원인은 선주와 선장 등의 안전 불감증 차원에서 멈출 것이 아니라 사회 전체 비용 구조 차원까지의 문제로 파악되어야 한다.

이런 의미에서 안전 불감증이라는 용어는 사회의 구조적 요인을 개인의 심적 상태로 환원하여 그 본질을 호도하는 기능을 하고 있다고도 말할 수 있다.

2. 위험 중독증: 위험 감수의 경제, 위험 감수의 문화

진짜 문제는 위험을 감수함에도 운 좋게 무사고가 거듭되는 경우이다. 이러면 위험의 강도는 점점 높아가고 감각은 무뎌간다. 이를 '불감증'이라 할 수는 있겠다. 그러나 더 정확하게는 '위험 중독증'[97]이다. 마라톤 중독자가 거리를 점점 더 늘이고 도박 중독자의 판돈이 커져가는 것과 같은 이치다.[98] 위험 극복에 따르는 희열의 문턱 값(역치)이 올라감에 따라 점점 더 무모해진다. 그러다 십중팔구 종국에는 사고에 이르게 된다.

위험도는 안전율을 갉아먹으면서 증가한다. 안전율이란 유사시를 대비해 보유한 여분의 비율이다. 극한 스포츠처럼 위험에 중독되면 안전율을 1.0까지 낮추며 곡예를 하게 된다. 일정 규모 이상의 건물은 비상구를 두개 두어야 한다. 하나가 막히는 경우에도 피난이 가능토

97
캐나다의 유명한 환경운동가 나오미 클라인의 표현인 돈 때문에 위험에 중독된 (Addicted to Risk) 상태를 참조했다

98
마라톤 중독은 뛰는 고통에 대한 체내 보상물질인 엔도르핀에 중독되는 것이다. 도박 중독에서는 도파민이다. 거듭될수록 역치(閾値, threshold)가 높아져 더 많은 자극을 필요로 하게 된다.

99
설계대로라면 기초 파일 79개를 박아야 하는데 50개만 박았으며 기초 판의 두께도 70cm로 되어있는 것을 50cm로 시공했다. 건물의 기울어짐을 방지하기 위해 건물선 바깥으로 기초와 파일을 내밀어야 하는데 여기 파일을 생략해버렸다. 대지가 원래 논과 수로인 연약지반이라서 박아야 할 파일이었다.

100
도비(鳶, とび)는 일본말의 잔재다. 새를 뜻하며 대체어인 비계공 대신 지금도 많이 쓰인다.

'Lunch atop a Skyscraper'라는 제목으로 유명한 사진, 1932년 뉴욕 록펠러센터를 짓기 위한 고소 철골 작업자들의 모습이다. 아무런 안전장치가 없다. 우리도 20여 년 전까지는 크게 다르지 않았다.

록 하는 규정이다. 소화기, 소화전, 스프링클러 등 2중, 3중으로 장치를 두는 것도 이 중 하나라도 작동하게 하려는 조치다. 이중 여럿을 빼먹은 제천에서 턱없이 사망자가 많았던 이유다.

위험 중독자는 안전율이 여유분이라는 것을 알기에 이를 소진해야 만족을 느낀다. 로프 없이 암벽을 오르는 프리 솔로 클라이밍이 그렇다. 2017년 준공 직전 기울어져 '피사의 빌라'라는 별칭을 얻은 아산 오피스텔의 경우, 안전율 1.5 중 0.5 정도를 소진한 상태였다.[99] 이른바 '집 장사'인 건축주는 그간 이런 식의 모험을 지속해왔을 터이고 그때가 아니었다면 다음 어느 현장에서 파국을 맞았을 것이다. 이 경우의 위험 감수의 동기는 경제적 이익이다.

그런데 또 하나의 위험 감수 동기가 있다. 문화적인 동기다. 어찌 보면 더 무섭다. 높은 곳에서 철골이나 비계 작업을 하는 기능공을 '도비'[100]라고 부른다. 하늘을 나는 새처럼 공중에서 작업한다 해서 붙은 이름이다. 지금은 고소작업 시 안전모에 연결고리 등 장구를 갖추는 것이 의무지만 불과 십수 년 전만 해도 도비들은 아무것도 안 걸치고 말 그대로 날아다녔다.

원숭이처럼 기둥을 오르고 외줄타기로 공중을 건넜다. 누가 안전모라도 쓰고 있으면 '시로도(초보)'라 했다.

위험 감수가 문화가 된 환경에서는 안전을 말하면 '왕따'가 된다. 여기서 위험 감수의 동기는 위신, 자존심, 소속감 등으로 경제적이라기보다는 문화적이다.

현대 정주영 회장의 유명한 일화 중에서도 다음은 압도적이다. 1969년 경부고속도로 건설 때다. "터널 공사 중 수맥이 터질까 두려워 작업자가 주저하고 있으면 서슴지 않고 착암기를 뺏어 들고 직접 바위를 깨고는 했다." 이런 솔선수범의 리더십으로 불과 29개월 만에 대역사가 마무리되었다. 77명이 죽었다. 이 시대는 이것이 문화였다. '죽기 살기', 여기서 낙오자가 되지 않으려면 자발적으로 위험 중독자가 되어야 했다.

문제는 반세기 전의 이 고약한 문화가 사라지지 않고 여전히 한국 사회를 지배한다는 것이다. 다름 아닌 재생산 시스템을 가졌기 때문이다. 하나의 산업 생태계에서 누가 "나는 이제부터 안전비용이 반영된 일만 하겠다"라 했다 치자. 어떻게 될까? 그의 회사는 곧 위험 감수를 전제로 일하는 회사에 비해 원가 경쟁력을 잃을뿐더러 업계에서 미운털이 박혀 도태될 것이다. 즉 위험문화 DNA는 저가낙찰 시스템이라는 숙주를 통해 생존한다. 공공이든 민간이든.

어렵겠지만 이제 우리 세대에서는 이 위험 중독증 문화를 치유해야 한다. 경제와 국격은 세계 열 번째라 해도 섭섭한데 자살률, 산재, 화재, 교통사고 등의 사망률 역시 부끄럽게도 그렇다.

3. 안전 무식증: 공학적 무지와 사회적 호들갑

2018년 12월 11일 박원순 시장이 강남구 삼성동 대종빌딩을 찾았다. 전날 인테리어 공사 중 기둥의 균열을 발견해 출입을 통제한 건물이다. 각 언론은 박 시장이 철근이 드러난 기둥을 근심스럽게 보는 화면과 함께 하나같이 '붕괴 위험'이라고 보도하고 있었다. 위험에 선제 대응을 하는 것은 좋은 일이다. 그러나 내용도 모르고 시내 한복판 건물이 당장이라도 무너질 것처럼 법석을 떠는 것은 '우려'가 아니라 '오버'다.[101]

'붕괴(collapse)'와 '파괴(failure)'는 다른 개념이다. '붕괴'는 최종적으로 급작스럽게 벌어지는 일이고 이는 구조체의 점진적 '파괴'로 말미암아 일어난다. 언론에서조차 이 차이를 구별하지 못하니 일반 시민들의 불안은 맹목적일 수밖에. 금만 가면 큰일인 줄 알고 나중에 그게 아니라면 속았다고 생각한다. 이것이 거듭되면 양치기 소년 꼴이다.

101
결과적으로 대종빌딩은 아직 붕괴되지 않았다. 안전 E등급을 받아 폐쇄하고 재건축을 기다리는 중이다.

이러다 보면 정작 붕괴의 위험성에 대해서는 둔감하게 된다. 다리의 틈이 벌어지고 있는데도 철판을 덮었다던 성수대교 때 공무원이나, 바닥이 휘면서 우르릉 소리를 내는데도 받침대를 고인 삼풍백화점의 임원들이나 "내가 두 번 속나?" 했으리라. 그러니 그 짓을 한 것이다. 그때는 90년대라 치자. 앞서 언급한 근년의 사고들은 뭔가.

광주 학동 참사, 포클레인 조 사장은 이런 방식으로 수 없는 철거를 해왔을 것이다. 상도 유치원, 토공사 하도급 정 사장 역시 설계대로 안 했음에도 사고 한번 없었던 경력을 자랑했을 것이다. 모두 과학과 공학 법칙 대신 본인의 경험칙을 믿는다. 그리고 이 배경에는 우리 사회의 전반적인 공학적 무지가 자리하고 있다. 이를 '안전 불감증'이라 표현하는 것은 무리다. 오히려 '안전 무식증'이라 하는 게 더 옳다.

'안전 무식증'은 지식층이라 다르지 않다. 2014년 판교 테크노밸리에서 공연을 구경하던 사람들이 추락한 사건, 이곳에 근무하는 이들이라면 우리나라 최고의 인재들일 텐데 철제 그레이팅이 옹벽에 볼트 하나로 고정되어 있다는 사실을 아는 사람이 하나도 없었다.

그해 초 경주에서 눈에 의해 강당이 무너져 부산 외대생 10명이 죽은 사건도 마찬가지. 학교나 사회에서 자기 목숨과 관련된 지식을 습득할 기회가 없어서다. 기껏해야 언론이나 SNS를 통해 접하는 '틀린 지식' 뿐.

이러니 사고가 생기면 온갖 음모설이 횡행하고 합리적인 사후 해결이 힘들어진다. 근간 가장 이슈였던 인천 검단 LH 아파트, GS건설과 입주예정자들은 아직도 보상 타결에 이르지 못하고 있다. 무량판을 라멘조로 바꾸고, 구조안전진단 결과를 못 믿겠으니 기초와 파일, 옹벽까지 재시공하라는 주민들의 요구 때문이다.[102] 한 건설업체의 신뢰 상실이 공학 전체에 대한 불신으로 확대되는 광경이다.

2017년 포항 지진을 소환한다. 지진으로 필로티가

102
무량판이 범인이 아니라 철근 누락 무량판이 문제인 것인데 포항 지진 때 필로티 문제 같은 일이 또 반복되고 있다. 옹벽은 안전 이상이 없다는 데도 신뢰할 수 없다는 것이고 기초까지 교체하면 오히려 지반이 더 나빠질 수 있다는 전문가 의견도 믿지 않고 있다.

부서지자 필로티 건축 전체가 문제라고 모든 언론이 호들갑을 떨었고 당국은 거들었다. 국민이 합리적으로 필로티 건축을 이해할 겨를이 없었다. 그런 일이 반복되어 오늘은 검단 아파트 주민들의 '가재는 게 편'이라는 맹목적 믿음으로 나타나는 것이다.

경제학자 스티글리츠는 한 나라 경제발전의 핵심동력은 그 사회의 학습능력에 있다고 지적하면서 선진국과 후진국의 차이는 국가 사이의 '지식수준'이 아니라 국가 내의 '지식격차'에 의해 결정된다고 얘기한다. 이 말대로라면 우리나라는 건강에 관해서는 선진국이고 안전에 관한 한 후진국이다. 소위 안전 전문가들과 일반 시민들과의 지식격차가 너무도 크기 때문이다.

이 격차의 원인의 하나는 필자를 포함한 전문가들이 '자기들 문법'만 쓰며 들어앉아 있어서이다. 그러나 더 큰 이유는 사고가 날라치면 언론과 당국이 사고에 대한 객관적 지식 전달에 앞서 '분노와 참담' 그리고 '처벌과 규제강화'를 표하기 바쁘기 때문이다.

적어도 내 목숨 지킬 정도의 안전 지식은 각자가 지녀야 한다. 그리고 그 교육은 언론과 정부가 책임져야 한다.

4. 안전한 세상: 안전은 비용이다

이상의 논의를 요약하면 이렇다.
1. 사고는 행위자의 위험 감수로 일어나고 이는 안전 불감증이 닌 타산적 합리주의 정신으로 행해진다.

2. 위험 감수는 경제적 혹은 문화적 동기에 의하며 경제적 동기는 초과이득 추구 혹은 경제적 압박이다.
3. 위험 중독증은 위험 감수 행위의 반복으로 생기며 위험 중독이 사회적으로 구조화되면 문화의 차원이 된다.
4. 안전 지식 전달 실패는 맹목적 불안을 야기하고 사고 교훈에 대한 학습 부재는 사고의 반복을 가져온다.

이를 바탕으로 안전한 세상을 위해 해야 할 과제는 다음과 같이 정리할 수 있겠다.

첫째, 위험 감수의 경제적 동기를 무력화시키는 일이다. 먼저 안전을 볼모로 초과이득을 꾀하는 시도는 더욱 강력한 경제적 징벌로 무력화시키는 방법 말고는 없다. 윤창호법(특정범죄 가중처벌 등에 관한 법률)에 의해 음주운전이 대폭 줄고 중대재해 처벌법으로 산재가 뚜렷하게 감소하는 사실이 이 방법의 효능을 말해준다. 반면 경제적 압박에 의해 위험을 감수하는 경우에는 처벌은 오히려 역효과다.

한계 상태인 이들은 더 모험적이 될 것이며 설사 적발한다손 치더라도 경제적 징벌의 실효성은 의문이다. 오히려 적정성을 보전해 주는 것이 효과적이다. 적정 비용 및 기간 확보, 하청 구조 개선, 안전에 대한 공적 지원 등이 필요하다. 이런 조치 없이 처벌만 강화되면 더 음습한 곳에서 위험 생태계가 만들어질 수 있다.

둘째, 국가 내 안전 관련 지식의 격차를 해소하는 일이다. 필자의 학교 건축과 학생조차 고교 물리 과목 이수자는 소수다. 기본 역학도 모르니 건조물의 안전에 대해 지식이 있을 수 없다. 고교과정부터 안전을 필수 과목으로 신설해야 한다. 코딩은 가르치면서 왜 자기 목숨을 지키는 지식은 가르치지 않는가?

더 나아가 국가 주도형 안전 패러다임을 시민참여형으로 바꾸어야 한다. 날로 복잡다기해지는 사회의 안전은 작은 정부로의 방향성과 모순 관계다. 시민이 안전에 대한 일상적 감시자, 고발자가 되어야 하며 재난과 사고에 대해 주체적으로 참여하는 주체가 되어야 한다. 이를 위해 필요한 것이 안전에 대한 평생·지속 교육이다. 언론과 정부 관계자부터 솔선해야 할 것은 물론이다.

103
국가계약법(국가를 당사자로 하는 계약에 관한 법률)의 대원칙은 국가는 손해 볼 수 없다는 것이다. 이 원칙은 국가에 제공하는 재화, 서비스 등이 최저가이어야 함을 의미한다.

104
신용 기반형의 관계는 신뢰를 기반으로 성립한다. 만일 당사자가 신뢰를 위반할 시에는 가혹한 법적, 경제적 징벌이 뒤따른다. 예컨대 유럽의 대중교통이다. 출입 시 표검사를 하지 않으나 불시 검표에 적발되면 징벌적 처벌을 받는다. 감시 행정 수요의 감소 효과 또한 있다.

셋째, 위험 중독증에 빠진 문화를 치유하는 일이다. 위험 감수가 일상화되어 위험 중독까지에 이르게 된 현재의 주범은 한국 사회가 변함없이 채택해 온 최저가 낙찰 방식이다. 이는 우리 사회를 안전율의 한계선까지 하향시키는 원인이 되었다. 정부는 국가계약법의 기본 개념부터 바꾸어야 한다.[103] 동시에 공공을 포함한 모든 발주자는 품질과 안전이 가격과 동등한 가치를 가지는 제도를 도입해야 한다.

위험 중독증은 사회를 신용 기반형[104]으로 바꾸며 치유해야 한다. 신용 기반형이라 함은 스스로가 자신의 감시자가 됨을 말한다. 이러면 위험의 '스릴'은 저절로 없어진다. 지금껏 국가가 규제와 처벌로 규율을 유지했다면 이제는 자율과 책임으로 대체하는 것이다. 충분히 어른이 된 우리 사회는 이를 감당할 수 있다.

이 모든 것이 비용이다. 적정 비용 구조를 통해 위험 감수의 경제적 동기를 없애는 것도 비용이고, 우리 사회의 안전에 대한 지식 격차를 해결하는 것도 비용이며, 위험에 중독되어있는 문화를 개조하는 것도 비용이다. 우리 사회가 그토록 엄청난 참사를 겪어 오면서도 안전한 세상이라고 느껴지지 않는 것은 다름 아니라 이 엄연한 비용을 지불 유예 해왔기 때문이다.

오스트리아 빈, 지하철 개찰구. 마음먹기에 따라 무임승차가 가능하지만 적발되면 가혹한 징벌이 따른다. 믿지만 책임도 따른다는 정신이 '신용 기반형'이다. (사진 함인선)

'안전 불감증'은 이러한 구조적 원인을 개인의 일탈적 증세로 환원하는 알리바이용 용어이며 이는 질병조차 악령의 탓으로 여기던 중세 때나 있을 법한 태도다. 안전은 선악의 문제가 아니라 비용의 문제다. 안전이 정의(正義)라면 정의는 비용이다.

이제 비용을 치르더라도 안전하고 정의로운 세상으로 갈 것인지 아니면 계속 위험을 감수하더라도 저비용과 효율의 세상을 살 것인지에 대한 사회적 합의를 도출해야 한다. 더 늦출 수 없는 시점이다.

V

킬링필드 대한민국 건설현장

이렇다면 철근 누락이 계속될 수밖에 없다

설계엔 15㎝ 간격, 실제는 30㎝⋯서울 신축 아파트 '띠철근 누락'

대우건설은 최근 외부 안전진단 기관을 통해 불광동 신축 아파트의 기둥과 벽체 등 부재 1443개를 대상으로 전수 조사를 한 결과 지하 1층 주차장의 기둥 7개에서 띠철근 시공 이상을 발견했다. 띠철근은 건물 하중을 버티기 위해 기둥에 세로 형태로 들어가는 주철근을 가로로 묶어주는 철근이다. 이상이 발견된 기둥 7개의 띠철근은 당초 15㎝ 간격으로 설계됐으나, 실제 30㎝ 간격으로 시공됐다. (2023.12.19, 중앙일보)

띠철근(tie hoop)은 기둥이 압축력을 받았을 때 마치 '김밥 옆구리 터지듯' 파괴되는 것을 막는 철근이다.

인천 검단 LH아파트 주차장 붕괴로 놀란 가슴이 가라앉기도 전에 곳곳에서 비슷한 일이 거듭되고 있다. 11월 17일에는 일산 서구의 아파트 주차장 기둥이 파열되었고 이번에는 대우건설의 불광동 신축 아파트 기둥의 띠철근이 잘못되었다 한다. 공공과 민간, 옛것과 새것을 가리지 않고 발견되는 철근 부실 앞에서 누구라도 "내 아파트는?"이라는 의구심을 가질 수밖에 없다.

최근 국토부는 'LH 혁신방안'[105]과 '건설 카르텔 혁파 방안'[106]을 내놓으며 안전과 품질을 중심으로 건설 산업 시스템을 개편하겠다고 밝혔다. 기존에 비하면 강도 높은 조치들이 포함되어 있기는 하나 근본적인 치유 방법이 아니라 안타깝다. 그 이유는 뒤로 미루고 먼저 기왕에 철근이 누락 되어있을지도 모를 아파트에서 마음 편히 살아도 되는지 당장 궁금하다. 철근이 누락된 아파트는 금방이라도 무너질 듯 호들갑을 떤 연후라서다.

105
설계·시공·감리업체의 선정 권한은 전문기관으로 이관하고, 고위 전관이 취업한 업체 LH 사업에 입찰 제한, 퇴직자의 재취업 심사 강화, 착공 전 구조설계 외부 전문가 검증, 구조도면 대국민 검증을 받을 수 있도록 공개한다 등의 내용이 담겼다.

106
감리가 독립된 위치에서 제대로 감독할 수 있도록 감리제도를 재설계하고, 허가권자(지자체) 지정 감리 대상 건축물 확대, 공공(국토안전원 등)이 현장을 점검한 후 후속 공정을 진행한다 등의 내용이다.

철근 누락 자체는 붕괴사고의 필요조건일지언정 충분조건은 아니다. 모든 건축 구조물에는 안전율을 둔다. 재료, 설계, 하중 등에 여유 치를 두어 보통 1.5정도의 값이다. 물이 100도에서 비로소 끓듯 안전율이 소진되어 1.0 이하가 되는 임계점에서 구조체는 망가진다. 이는 철근 누락 등으로 인한 저항력 약화뿐 아니라 재료의 불량, 하중의 급격한 증가 등 하나 이상의 원인으로 발생한다.

먼저 구조부재에 균열이 생기는데 이를 '파괴(failure)'라 하고 더 진행되어 구조체의 기하학이 와해되면 이때를 '붕괴(collapse)'라 한다.

다행스럽게도 둘 사이에는 시간이 상당히 있다. 1995년 무너진 삼풍백화점은 1년 전부터 곳곳에 균열, 처짐이 있었고 당일 오전에는 5층 식당가 천장에서 물이 쏟아졌으며 중앙 홀에서 우르릉하며 우는 소리까지 들렸다. 이 절체절명의 순간에 삼풍은 동바리를 받쳤고 영업 끝난 후 점검하자고 했다.

1994년 성수대교도 순식간에 끊어진 것이 아니다. 당일 자정 무렵 상판에 생긴 1미터 폭의 틈을 택시 기사가 신고했다. 성수대교 현장에 나간 얼빠진 시청 공무원은 바퀴 빠지지 말라고 철판을 깔았다. 구조물도 살려고 버티다 마지막 비명을 지르고 갈라진다. 이때라도 대피령을 내리면 적어도 인명은 잃지 않는다. 삼풍에서 508명, 성수대교에서 32명이 죽었다.

균열은 안전율이 고갈 직전이라는 징표이기도 하지만 그 틈으로 물과 공기가 들어가 철근을 부식시킬 수 있기에 심각하게 다루어야 한다. 따라서 철근 누락에 노심초사하는 것보다는 평소 구조체에 금이 가 있는가를 살펴보는 것이 몸과 마음의 안전에는 더 보탬이 된다. 문제는 이러한 구조물의 속성이 철근 누락을 대수롭지 않게 여기는 배경이 되어왔다는 데 있다.

검단 사태로 비로소 드러났을 뿐 철근 누락은 건설현장에서 어제오늘 일도, 내일 멈춰질 일도 아니다. 역설적으로 기술자들과 일꾼들은 경험칙으로 안전율이 숨겨져 있다는 것을 알기 때문이다. 따라서 공기 단축이라는 지상 명제가 압박하면 자발적 혹은 암묵적으로 철근 누락에 협조한다.

더군다나 주문형 단품 생산이라는 건축물의 특성상 일회용인 건축

설계에는 당연히 오류가 숨어있게 마련이다. 이를 찾아내기 위해서는 충분한 시간과 품이 필요함에도 우리나라 현장에서 이런 원칙을 주장하면 철없다는 얘기를 듣기 십상이다.[107]

이번 국토부 대책이 그럴듯하면서도 허망한 이유가 여기 있다. 철근 누락의 근본 원인은 자신의 주택 공급 물량 독촉임에도 애먼 LH 벌주기로 이를 덮고 있다. "늦더라도 제대로 시공하겠다."는 약속 대신 이미 빨리빨리 시스템에 포섭·최적화되어 있는 감리, 설계, 검증, 감독체계를 강화하겠다니 아직도 강화가 덜 되어 사고가 반복되고 있나?

철근 누락 같은 초보적 범죄를 예방하는 법은 의외로 간단하다. 우리나라 빼고는 전 세계가 채택하고 있는 방식이다. 현장에서 설계자는 자기 설계대로 시공되는지를 검사하고 감리자는 설계가 제대로 되었는지를 상호 감시하는 거다. 우리만 유독 감리자가 설계자의 검사업무는 물론 발주자의 감독 업무까지 맡는다.[108]

과중한 업무로 놓치든 건설사에 예속되어 눈감든, 철근 누락이 거듭되는 이유다. 건설 카르텔의 우두머리인 국토부가 이런 대책을 내놓을 리가 없다. 감리 카르텔의 권한과 몫은 줄고 건설사의 '싸고 빨리'에는 방해될 것이기 때문이다. 그러므로 안타깝게도 철근 누락은 이 땅에서 계속될 전망이다.

107
많은 시행착오를 통해 설계를 완성하는 자동차나 TV와 달리 건축설계는 일회용이므로 오류가 있는 것이 당연하다. 이를 여러 단계에 걸쳐 찾아내는 것이 관건이다. '구조계산 검토→구조설계 도서 검토→배근 작업용 도면 검토→배근 상태 검수' 등의 단계가 필요하다. 그런데 현장 소장이 공기에 쫓겨 감리의 검수도 없이 콘크리트를 붓고 '배 째라'로 버티면 도리가 없다.

108
'건설사업관리제도'라는 전권을 사업관리자에게 주는 이 제도의 폐해와 설계자가 감리를 못하게 하는 세계 유일의 제도에 대해서는 뒤의 〈후진국형 건설사고 계속되는 이유〉 중 '감리의 감리' 글을 참조할 것.

지금은

늦더라도 제대로 시공하겠습니다

건설 카르텔 혁파 방안의 내용이 지극히 실망스럽다. 건설 안전사고 발생 후 정부의 대책이 대부분 덧칠 위주나 규제강화로 가곤 하는데 이번 대책은 여기에 책임 전가가 추가되었고 글로벌 스탠더드와도 거리가 멀다.

첫째, 건설산업 조달 행정 과정 즉 조달청 및 공공기관의 발주 행정이 여러 부패의 진원지다. 면피성 심사위원회는 금전 등 로비에 강한 업체가 수주하는 것은 공공연한 비밀이다.

둘째, 민간은 직접 발주하고 성패에 대해 자신이 책임진다. 과거 설계, 감독을 직접 하고 직영 수준의 공사도 했던 LH는 발주조차 조달청 등에 이양하려 한다. 자기 책임으로 우수한 업체를 공정하게 선정할 수 없거나 경쟁력 없는 공기업은 차라리 민영화해야 한다.

셋째, 발주자, 설계자, 시공자가 각자 책임을 다하는 것이 선진국의 모델이다. 여기에서는 피해자의 소송과 보험에 의해서 불량 공급자를 징벌하는 보이지 않는 손이 작동한다. 회사의 존립까지 위협하는 수준이므로 설계와 공사의 품질, 안전 등을 소홀히 할 수 없다. (2023.12.26, 조선일보 '기고', 김종훈 '건설 카르텔, 정부 대책으로는 깨기 어렵다', 요약)

길게 인용한 것은 '건설 카르텔 혁파 방안'에 대한 의견이 대부분 같기 때문이다. 요컨대 자기모순이요, 책임 전가라는 거다. 카르텔의 당사자가 혁파를 말하니 자기모순이고 주머닛돈(LH)이 쌈짓돈(조달청)이 되었으니 책임 전가라는 것이다.

지적했듯이 LH만이 아니라 조달청을 비롯한 공공기관의 발주는 심각한 신뢰 위기에 처해있다. 그리고 건설 카르텔은 업체와 전관뿐 아니라 현직 공무원과 교수, 전문가들을 망라하여 구성된다. 그런데 검단 사태가 터져서 LH가 표적이 되었을 뿐 전관 문제는 모든 공기업과 부처에 해당하는 사안이다. 더 나아가 법조계 등 한국 사회 전반의 문제이기도 하다.

LH 전관 혼내주기가 부패 척결의 본보기가 될 수는 있어도 검단 사태로 촉발된 LH 아파트 부실시공 문제의 해결책은 아니다. 이런 측면에서 건설 카르텔 혁파를 건설안전의 의제로 삼은 것 자체가 잘못된 것이며 자기모순이다.

LH에서 조달청으로 발주가 이관된 것이 '곰에게서 범으로'인 것도 이 맥락이다. 발등의 불 끄기 아니면 책임 회피일 수밖에 없다. 이럴 바에는 차제에 LH는 해체하는 것이 더 낫다. 문방구로부터 소방헬기까지 구매하는 조달청으로 넘어가 봐야 절차적 공정성에 매몰되어 LH 때보다 오히려 못한 설계들이 뽑힐 것이다.

윗글이 제안한 대로 해결책은 정부 간섭의 최소화다. 자신이 해야 할 공공건축에 대한 감독 업무까지 민간에게 맡기고 모든 것을 슈퍼 갑 위치에서 간섭하려 들지 말라는 거다. 이른바 '신용 기반형'이다. 각 주체는 자율성에 바탕으로 업무를 수행하되 이에 따르는 모든 책임 또한 치르는 방법이다.

철근 누락 등 부실공사의 근본적 해결 문제도 이런 방식으로만 풀린다. "열 포졸이 한 도둑을 못 잡는다"고 했다. 국가가 아무리 그물망을 촘촘히 해도 위반의 과실이 적발의 확률보다 크면 감행한다.

검단 GS아파트의 경우 철근 누락 뒤에는 어수룩한 감시와 대충 검토가 있었을 것이고 그 뒤에는 쫓기는 공기가 있었을 것이다. 그 뒤에는? 갑인 LH의 독촉이 있었을 것이고 그 뒤에는 국토부의 채근과 대통령실의 주택공급 약속 일정이 있었겠다. 모두가 공범이라는 얘기

요사이 지하철 에스컬레이터 수리 현장의 안내판. (사진 함인선)

다. 엄한 전관 타령 그만두고 이렇게 얘기해야 옳았다.

"이번 철근 누락 사태는 전적으로 싸고 빨리를 요구한 정부 책임입니다. 앞으로는 늦더라도 제대로 시공하도록 애쓰겠습니다."

"늦더라도 제대로" 지하철 에스컬레이터 수리 현장의 안내판이다. 요즈음의 성숙한 시민들은 그걸 보며 오히려 미소를 짓는다.

부실시공, '전관' 아닌 '안전수탈 구조'가 문제다

이 글은 한겨레신문 기고 '부실시공, '전관' 아닌 '안전수탈 구조'가 문제다'(2023.9.6)로 게재되었음.

철근 빠진 아파트 '설계·감리·시공·감독' 총체적 부실

31일 국토교통부와 한국토지주택공사(LH)가 발표한 지하 주차장 철근 누락 15개 단지 상세 현황을 보면 설계부터 시공, 감리, LH의 관리·감독 등 전 과정에서 부실이 발견됐다.

원희룡 국토부 장관은 건설 분야 이권 카르텔을 '척결' 대상으로 지목했다. 원 장관은 "설계·시공·감리·LH 담당자에게 어떤 책임이 있고, 어떤 잘못을 했는지 내부적으로 정밀조사해 인사 조처와 수사 의뢰, 고발 조치까지 할 계획"이라며 "LH 안팎의 총체적 부실을 부른 이권 카르텔을 정면 겨냥해 끝까지 팔 생각"이라고 말했다. (2023.7.31, 연합뉴스)

공사비의 구성, 간접공사비, 현장경비, 일반관리비 등을 절감해야 이윤이 극대화된다.

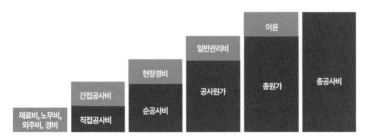

철근 누락 아파트로 촉발된 아파트 부실시공 문제를 당국은 이번에도 '전관 타파' 정도로 마무리하려는 모양새다. 사회의 근본적 모순을 '의인화'하는 것은 매우 유용한 정치 전략이다. 구체적 대상을 내세워 대중의 분노를 소진 시키면서 정작 어려운 구조적인 문제 해결을 회피할 수 있기 때문이다. 과연 전관만이 문제라면 이제 안전한 대한민국이 되려나? 천만의 말씀이다. 비유컨대 한국토지주택공사(이하 LH) 전관은 곰팡이다. 습기를 걷어내지 않는 한 곰팡이는 계속 슬 수밖에 없다.

이번 사태의 핵심은 전관 업체가 용역을 싹쓸이한 게 아니라, 설계에서 철근을 누락하고 누락을 발견해야 할 감리가 제구실을 안 한 것이다. 그 배경에는 이런 일이 가능하도록 짜인 건설업 생태계의 구조가 있다. 오랜 기간 문화로 정착된 '안전수탈 구조'가 그것이다. 악화가 양화를 구축하는 한국 건설업계에서는 안전을 수탈해야 원가 경쟁력을 가진다. 전관은 그런 좀비 업체의 영업수단일 따름이다.

건설비용은 재료비 등 직접비와 시공과정 비용인 간접비로 구성된다. 이윤은 간접비에서 나오니 공사 기간을 단축하고 안전장치 가설비용 등을 줄여 손익을 맞추려는 압력이 건설현장을 지배한다.[109] 공기에 쫓겨 콘크리트가 굳기도 전에 동바리를 해체하다 붕괴해 6명이 숨진 HDC 현대산업개발의 광주 화정 아파트가 그런 사례다. 지난해 건설사고 사망 사고 가운데 추락사가 58%인 것도 현장에서는 안전비용 지출에 여전히 인색하다는 증거다.

109
공사비 중 재료비와 인건비로 구성된 직접비는 건드리기 쉽지 않다. 결과물로 드러나는 것이기 때문이다. 당연히 비용 절감의 여지가 있는 곳은 간접비다. 이 중에서도 공사 기간이 핵심이다. 현장개설비용 등이 모두 시간과 연동되며 특히 PF 사업이나 분양용 건물인 경우 금융비용과도 연계된다.

더구나 이번에 문제가 된 인천 검단 아파트는 '시공책임형 건설사업관리(CM)' 방식[110]으로 발주됐다. 시공사이자 감독인 GS건설이 공사비를 줄이면 발주자인 LH와 절감분을 나눠 가지는 방식이다. 공사비(=공기) 절감이라는 지상과제 앞에서 날림 작성된 설계도 검토는 생략되고, 현장에서 철근을 세는 계측감리자도 눈치껏 했을 것이다.

고양이에게 생선을 맡기는 것과 다름없는 이 고약한 제도의 기원은 30년 전으로 거슬러 올라간다. 올림픽대교 사고(1989), 남해 창선교, 행주대교 붕괴 (1992), 청주 우암아파트 붕괴(1993), 성수대교(1994), 삼풍백화점(1995) 붕괴 등 개발연대의 악성 종기가 연이어 터지자 정부에서는 '책임감리제도'[111]를 도입했다. 지금의 전관처럼 그때는 설계자와 시공자가 원흉이 되면서 제3의 업종이 등장한 셈이다.

이후 이들 감리회사 카르텔은 힘을 키워 1996년 '건설사업관리제도'가 도입되게 한다. 이후 더 발전해 2011년에 발주자를 대행해 기획, 설계에서 시공, 감리까지를 아우르는 포괄적 관리제도인 '시공책임형 건설사업관리'까지 도입된다.[112] 이들은 이로써 발주기관의 감독 권한까지 지닌 견제 받지 않는 존재가 됐다. 손 안 대고 코 풀 수 있는 데다 전관 일자리까지 생기는 이 제도를 발주기관이 애용함은 물론이다.

110
건설사업관리(CM)는 건설공사에 관한 기획·타당성 조사·설계·조달·계약·시공관리·감리·평가 등을 하는 업무다. 이는 다시 수수료를 받고 서비스를 재공하는 'CM for fee(용역형 CM)'와 설계단계부터 참여하고 정해진 공사비 내에서 완성 책임을 지는 'CM at risk(시공책임형 CM)'로 나뉜다.

111
1990년 부실공사 방지를 위해 민간 감리전문회사에게 공사감리를 수행토록 하는 '시공감리제도'는 신행주대교 및 청주 우암 아파트 붕괴사고 등을 계기로 1994년 1월 감리원의 권한과 책임을 대폭 강화한 '책임감리제도'로 바뀌어 시행된다.

112
1996년 건설산업기본법에 의거 '건설사업관리(CM)'제도가 도입된다. 이후 2011년에는 '시공책임형 건설사업관리(CMAR)'제도가 같은 법으로 추가된다. 2016년에는 '건설산업 진흥법'이 제정되고 2018년 이 법의 개정에 따라 모든 공공공사는 '건설사업관리계획 수립·이행'하는 것이 의무화된다. 이로써 공공부문 건설사업관리 용역 또한 2021년 기준 1조 6809억원으로 전년 대비 44.38% 증가한다.

검찰이 지난달 30일 LH 발주 건설사업관리용역 입찰에서 수천억 원대 짬짜미를 한 것으로 의심되는 11개 대형 감리업체를 압수 수색했다. 짐작했고 예견했던 바다. 이 가운데 상당수가 전관 업체라는 사실은 본질이 아니다. 이들 소수 독점 업체들이 경쟁과 견제를 봉쇄한 결과, 기술자들에 대한 신뢰가 떨어지고 국민 안전과 재산에 해를 끼치게 됐다는 점이 더 중요하다.

선진국 가운데 발주기관이 감독·감리하지 않는 나라는 우리가 유일하다. 공공의 책임회피 본능과 감리 카르텔의 이해가 맞아 탄생한 건설사업관리제도를 손봐야 하는 이유다. 우선 LH부터 발주업무를 분리하고 그 인력을 현장으로 돌려 감리·감독 업무에 투입해야 한다. 장기적으로는 선진국들처럼 '공공건축 지원센터'를 설립해 기획·발주·감리·사후관리업무를 맡게 해야 한다.

설계자가 제 설계 대신 남의 설계를 감리하는 코미디 같은 제도 또한 우리나라가 유일하다. 대형 감리회사들은 모두 설계회사이기도 하다. 디자인 감리와 계측 감리는 설계자가 수행케 해 사업관리의 무소불위 권한을 분산시켜야 한다.

시공책임형 건설사업관리의 프로세스
발주자는 발주만 하면 된다.

무엇보다 안전을 수탈해 원가를 절감하는 방식에서 벗어나야 한다. 지난 30년 동안 건설업의 국내총생산(GDP) 비중은 12%에서 4%대로 줄었으나 산재 사망 비율은 여전히 50%대다. 안전을 대가로 싸고 빨리 건설하는 행태는 오히려 늘었다는 뜻이다. 이제라도 안전은 공짜가 아니며 비용과 시간이 든다고 용기 있게 국민을 설득해야 한다. 이번에도 애먼 전관 번제(燔祭)로 본말을 흐리며 넘어가려는 것은 아닌지 심히 우려스럽다.

"LH는 해체해야 한다"

원희룡 국토교통부 장관은 20일 서울 강남구 논현동 LH 서울지역본부에서 'LH 전관 카르텔 혁파를 위한 긴급회의'를 열고 전관 업체와 설계·감리 용역계약 체결 절차를 중단한 데 이어 이미 체결된 계약도 전면 해지하기로 했다. 또 향후 설계·감리 용역 업체 선정 시 LH 퇴직자 명단을 의무적으로 제출하도록 하고, 퇴직자가 없는 업체에 가점을 부여할 방침이다. (2023.8.21, 중앙일보)

LH 사장 및 고위 임원들을 앞히고 거칠게 잡도리하는 자리였다. 일요일임에도 기자들이 꽉 들어찼다. 원 장관의 준엄한 훈시 후에 LH 부사장이 위의 기사대로 전관 업체의 일을 모두 수거하겠다는 조치 내용을 들었다. 국토부가 요청해 민간 전문가 자격으로 참석했다. 다음과 같이 발언했다.

"결론부터 말하면 전관 문제는 결과이지 원인이 아니다.

첫째, 전관 업체가 문제가 아니라 전관이 필요하도록 만드는 LH의 시스템이 문제다. LH 임직원에게 있어 전관예우는 일종의 퇴직금이다. 이를 위해 전관이 꼭 필요하게 만든다. 수주 영업은 기본이고 수주 후 업무 진행에도 전관이 있어야 한다.

금번 검단의 보강근 누락만 해도 LH가 만든 구조설계 기준이 원인이다. 나름 물량 절약을 한답시고 보강근을 넣기도 빼기도 하는 암호 같은 설계가 나왔다. 설계 경기에서도 당선되려면 그들 입맛과 기준에 맞추어야 한다. 전관이다. 그렇다 보니 LH 아파트는 창의적인 것

246

이 없다.

둘째, 전관 폐해를 없애려면 우선 LH로부터 용역발주 기능을 빼내야 한다. 이는 타 기관도 마찬가지다. 우리나라는 현재 도로공사, 철도공사 등 기관마다 따로 발주하는데 영국,프랑스,미국 등은 모두 조달청 산하의 국가 공공기관에서 발주를 한다. 이들처럼 공공건축센터를 둬서 발주뿐 아니라 기획과 건물 유지관리까지 해야 한다. 발주자가 감독하지 않는 나라는 우리나라 말고는 없다. 남는 발주 관련 직원들은 모두 현장에 보내 감독 업무를 하게 해야 한다.

셋째 장기적으로는 LH를 해체해야 한다. 본사만 남기고 지방 LH는 지역의 개발공사와 합병해야 한다. 분양 수익을 통해 임대주택을 건설하는 업무는 지방에 위임하고 중앙의 본사에서는 순수한 장기 공공 임대주택 공급에만 집중해야 한다. 또 공공 임대주택의 수준 향상 기술 개발 등의 업무도 중앙의 몫이다.

마지막으로 가장 중요한 것은 비용이다. 공공건설 임대주택 표준 건축비는 2016년 이후 6년만에 올해 겨우 9.8% 올랐다. 비용 압박에

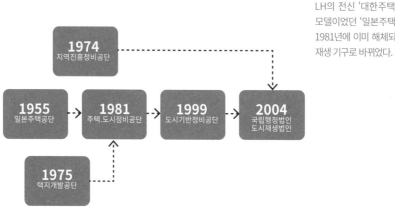

LH의 전신 '대한주택공사'의 모델이었던 '일본주택공단'은 1981년에 이미 해체되어 도시 재생 기구로 바뀌었다.

1974 지역진흥정비공단

1955 일본주택공단 → **1981** 주택.도시정비공단 → **1999** 도시기반정비공단 → **2004** 국립행정법인 도시재생법인

1975 택지개발공단

치여 앞에 말한 암호 같은 기준도 나오고 비용을 줄이려 사업관리를
외주로 주며 결국 검단 아파트 같은 사태가 벌어진 것이다. 안전은 정
신 승리가 아니라 비용이다."

　LH 해체까지 얘기하니 다들 놀라는 표정이었다. 일본은 벌써 해체
했다. 회의 후 원 장관은 종종 만나 의견을 나누자 했다. 그럴 일은 없
었다.

'순살 아파트'로 드러나는 우리 건설업의 실상

이 글은 중앙일보 시론 '영원한 갑' LH와 국토부 '전관'(2023.8.4)으로 게재되었음.

尹, '철근 누락' 부실 질타하며 "무량판 공법 文정부서 이뤄져"

윤 대통령은 이날 용산 대통령실에서 주재한 국무회의 모두발언에서 "최근 국토교통부가 LH 발주 아파트의 무량판 공법 지하 주차장에 대한 전면적인 안전점검에 들어간 결과로 드러난 무량판 공사의 부실시공에 관해 많은 국민들께서 크게 우려하고 계신다."라며 "관계 기관은 무량판 공법으로 시공한 우리나라 모든 아파트 지하 주차장에 대해 전수 조사를 조속히 추진하기 바란다."라고 지시했다. (2023.8.1, 세계일보)

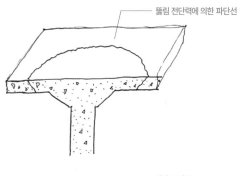

뚫림 전단력에 의한 파단선

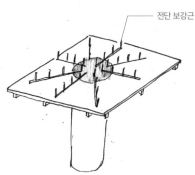

전단 보강근

무량판의 기둥 주위에는 원형으로 뚫림 전단력(punching shear)이 생긴다. 이에 저항하기 위해 수직으로 전단 보강근을 넣어야 한다.

아파트 지하 주차장 부실공사에 대해 급기야 대통령의 불호령까지 떨어졌다. 지난 4월 인천 검단 아파트 지하 주차장 붕괴사고 이후 무량판 구조를 적용한 LH 발주 아파트 91개 단지를 전수 조사한 결과 무려 15개 단지에서 '철근 누락'이 확인됐다. 여기서 정작 궁금한 것은 어떻게 물량 절감에도 도움이 되지 않는 손가락 길이만 한 전단보강 철근을 이토록 집단적으로 빼먹었을까다. 이는 일회성 실수로 볼 만한 비율이 아니다. 두 가지 추론을 해본다.

첫 번째는 중요하지 않아 보이는 철근을 시공과정에서 고의로 누락했을 가능성이다. 보나 슬래브 같은 가로 방향 부재는 무게에 의해 두 가지 힘이 작용한다. 중간이 아래로 휘어지며 부러지려는 힘은 부재 하단에 인장력을 발생시키고 이에 맞서 인장철근이 수평으로 놓인다. 한편 양쪽 기둥부에 대해 중심부는 내려오려 하니 상하로 엇갈려 끊어지려는 힘도 생기는데 이를 전단력이라 한다. 작두의 원리나 지진단층이 전단력의 사례다. 이에 저항하는 철근은 수직으로 놓인다.

이번 문제가 된 지하 주차장은 무량판 슬래브로 지어졌다. 보가 없으므로 층고를 줄여 굴토량을 절감하는 장점이 있다. 반면 기둥 주위에는 원형으로 뚫림 전단력(punching shear)이 생긴다. 펀치처럼 기둥이 슬래브를 뚫는다 해서 붙여진 이름이다.

삼풍백화점 붕괴도 시작은 이것이다. 최상층 슬래브가 뚫려 다음 층을 연쇄적으로 가격하는 팬케이크 현상으로 8초 만에 무너졌다. 이에 대응해 기둥 주변에는 수직으로 철근을 넣는데 가늘고 짧지만 필수적이다.[113] 공식 발표조차 이를 위아래 주철근을 묶어주는 용도라 잘못 표현했는데 현장 배근공들이 급하기도 하니 귀찮게 여겨 빼먹었을 개연성은 충분하다.

두 번째는 설계에서 시공에 이르는 전 과정의 관련자들이 '집단 사고(group think)'에 빠졌을 가능성이다. '집단 사고'란 응집력 있는 집단의 구성원들이 갈등의 최소화를 위해 비판적 사고를 멈추는 것을 말한다. 이 사고의 경우 발주자인 LH, 시공자인 GS건설, 이외에도 많은 설계 및 감리자들이 있었으나 서로를 너무도 신뢰(?)한 나머지 집단적 맹점이 생겼으리라는 추론이다. 철근 누락을 발견할 수 있는 계기는 수없이 많았다. 설령 구조계산에서 철근이 빠졌더라도 실시설계, 현장도면 제작[114], 도면 검수, 현장 감독, 감리 과정에서 누구라도 찾아낼 수 있었으나 넘어갔음은 모두가 의도적인 장님이었다는 얘기다.

'집단 사고'에 의한 사고의 대표적 경우가 우주왕복선 챌린저호 사고다. 폭발의 원인은 연료탱크 이음매 밀봉재인 'O링'이 저온에서 깨져서다. 이 문제를 지속적으로 제기한 사람은 NASA에서 왕따 당했고 모든 엔지니어들은 사고 발생은 없을 것으로 '합의'했다. 이를 바탕으로 대통령 일정에 맞추어 추운 날씨에도 발사를 강행했으며 결과는 아는 바다.[115]

속칭 '순살 아파트'로 GS건설은 주가가 폭락했음에도 군말 없이 사고 열흘 만에 설계사와 함께 사과했다.

113
이 철근은 기둥 주변에 수직으로 세워 넣어야 하는데 슬래브 위아래에 이미 놓인 주철근 사이로 밀어 넣어야 해서 작업이 쉽지 않다. 독촉을 받으면 누락시키고 대강했을 수 있다. 이를 방지하기 위해 굵은 못(stud)이 미리 박혀있는 철판을 까는 공법도 있다. LH, GS는 비용을 아끼려 채택하지 않았을 것이다.

114
제대로 철근 배근을 하려면 구조설계 도면만으로는 안 된다. 각 철근의 길이, 구부림 위치, 결속 방법까지를 꼼꼼히 표기한 현장도면(shop drawing)이 있어야 한다. 시공자가 작성해서 감리자에게 승인받은 후에야 시공에 들어갈 수 있다. 우리 건설사들도 외국에 나가서는 다 하는 일이다.

115
NASA는 전모를 은폐하려 했으나 노벨물리학상 수상자인 파인만의 기지로 전 국민에게 사실이 알려진다. 파인만은 의회 청문회에서 얼음물을 가져와 O링이 깨지는 것을 시연했다.

발주자, 감독자, 기본설계 제공자인 LH와 감리자들 대신 설계, 시공사가 독박을 쓴 이유는 짐작할 수 있다. 영원한 갑인 LH와 국토부 전관이 즐비한 감리 회사들에게 밉보이지 않기 위해서다. 결국 이 먹이 사슬은 NASA 못지않은 응집력 있는 집단이라는 뜻이다.

무지한 나머지 고의로 누락했든 신뢰가 넘쳐 눈뜬장님이 되었든 이 사고는 대한민국 건설의 현주소를 보여준다. 우리나라 건설 대기업의 주업은 '건설'이 아니라 '개발'이다. 있어 보이는 브랜드와 모 그룹의 자금력을 바탕으로 아파트를 짓거나 이번처럼 LH의 '꿀도급'을 받는다. 그러나 정작 시공은 하청, 재하청업자의 몫이다. 현장에서 실제로 배근하는 근로자가 누군지 철근은 제대로인지 알 도리 없는 구조다.

감리도 마찬가지다. 전체 700곳 중 30곳에서 철근이 누락 되었다는 뜻은 현장에서 일일이 점검해야 할 감리자가 사무실에 있었다는 의미다. 광주 학동 사고 때 감리자는 현장에 한 번도 가지 않았다고 한다. 규제만 늘면 뭐하나. 우리나라 국격에 어울리는 건설업을 바란다.

지금은

'순살 자이', '대우 흐르지오', '휜 스테이트'

광주·전남지역에서 국내 굴지 대형 건설사의 부실시공·하자 문제가 연이어 발생해 지역사회의 시선이 곱지 않다. 지난달 말 사전점검을 진행한 현대엔지니어링 시공의 전남 무안 오룡2지구 '현대힐스테이트 오룡'은 건물 외벽과 내부 벽면이 기울고 콘크리트 골조가 휘어져 '휜 스테이트'라는 조롱을 당했다. (2024.5.16, 시사저널 1806호)

우리나라에서 아파트는 '사용가치' 보다는 '교환가치'가 더 중요하다. 거주목적이기보다는 매매차익을 통한 부의 증식용이라는 얘기다. 이를 웅변하는 것이 아파트 동마다 붙어 있는 브랜드명이다. 다른 나라에서 보기 힘든 광경이다. 아파트 가격에 브랜드 가격이 포함되고 재개발 시공자를 찾을 때 실력보다는 비싼 브랜드 회사를 찾는 것도 마찬가지다.

따라서 부실시공으로 실망을 안긴 건설사를 소비자들이 응징하는 가장 효과적인 방법 또한 브랜드를 공격하는 것이다. 인천 검단 사고로 GS건설의 자이는 '순살 자이', 불광동 사건으로 대우 푸르지오는 '흐르지오', 무안의 한 아파트 부실로 현대엔지니어링의 힐스테이트는 '휜 스테이트'라는 별칭을 얻었다. 거제 아이파크는 물이 새서 '워터파크'가 되기도 했다.

아파트에 브랜드를 달고 상품화하는 것은 우리나라 주택 소비자들이 유난해서가 아니다. 근본적인 원인은 개별 가구의 총저축을 통해 주거를 소유하도록 추동한 한국의 주택 정책에서 찾아야 한다. 나의 집인 동시에 나의 전 재산이니 투자가치와 환금성이 높아야 함은 당연하다. 그다음의 원인 제공자는 이 '국민주택' 제도를 기막힌 사업의 기회로 포착한 대형 건설사들이다. 이들은 자신들의 기업 가치를 아파트 가치에 태워 초과가치를 창출한다. 그 방법으로 쓰이는 것이 브랜드다. 예컨대 'GS 자이'는 GS라는 재벌이 뒷배인 건설사의 상품이라는 신호다. 우리나라 아파트 건설사들은 엄밀하게 건설회사가 아니다. 주업은 건설 시공이 아니라 개발과 판매다. 자기 자본 혹은 모그룹의 신용 등으로 공공택지를 확보하거나 재개발·재건축 부지를 획득한다. 그리고 브랜드를 개발, 홍보하여 상품 가치를 높여 판매한다. 중간 과정인 시공은 거의 하청업체에 맡기고 건설관리(CM) 정도를 본사 직원이 한다. 시공이 주업이고 나머지가 부업인 다른 나라와 정반대다.

이번 검단 GS건설 경우도 이 메커니즘을 이해하면 쉽게 설명된다. GS는 자본력을 포함한 실적과 브랜드 파워에 전관들의 노력을 더하여 LH 사업을 수주한다. 시공책임형 건설관리사업이라 공사를 위한 하청 업체는 물론 감리회사까지 영향력을 행사했을 터이고 여느 현장처럼 본사 직원은 업체 관리만 했을 터이다. 그 사각지대에서 사달이 난 것이다.

브랜드로 거저먹기를 하다 체하면 조롱받는 브랜드 덕분에 혼쭐이 난다는 것을 아는 계기가 되었으면 한다. 참, 광주 학동과 화정동에서 연속 안타를 친 HDC 현대산업개발만 실적에 비하면 아직 제대로 된 별칭을 못 얻은 것 같다. '아이 부끄······' 어떠신가.

왜 건설사고 사망자 수는 줄지 않는가?

이 글은 중앙일보 시론 '산재 사망 1위 '주범' 중소형 건설현장 사각지대 없애야'(2019.12.26)로 게재되었음.

상반기 산재 사망 겨우 7.6%↓…'절반 감축' 멀었다

올해 상반기 건설현장, 제조업 공장 등에서 작업 도중 산업재해로 숨진 사망자는 전년 대비 7.6%(38명) 감소한 465명으로 집계됐다. 2022년까지 산재 사망사고를 절반으로 줄이겠다는 정부 목표는 아직 갈 길이 먼 상황이다. 이와 관련해 안전보건공단은 7월부터 '사고 사망 감소 100일 긴급대책'을 추진하고 있다. 특히 공단은 사고 사망자의 절반을 차지하는 건설업 중·소규모 현장에 대해 패트롤 점검 등 행정역량을 집중했다. (2019.11.4, 뉴시스)

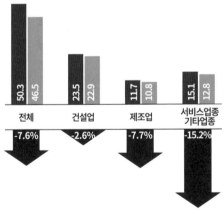

산재사고 사망자 현황, 2019년 상반기 자료 안전보건공단 (단위: 명, %)

전체 50.3 46.5 -7.6%
건설업 23.5 22.9 -2.6%
제조업 11.7 10.8 -7.7%
서비스업종 기타업종 15.1 12.8 -15.2%

소득반영 사망률의 의미에는
소득이 높을수록 산재 사망
자 수가 적어질 것이라는 전
제가 있다. 목숨값이 클수록
안전비용이 들더라도 위험을
회피할 것이라는 상식에서다.
그러므로 우리나라의 경우는
지극히 비상식인 거다.

주요 13개국의 10만 명당 산재
사망자수와 GDP, 오른쪽 표는
이 둘을 곱한 값인 '소득 수준
반영 산재 사망률', 우리나라가
압도적 1위이다.
(이규진, 〈소득수준 대비 산재
사망지수 비교를 통한 건설분
야 산업재해 분석 및 저감대책〉,
한국건설관리학회논문집 제
15권 제4호, 2014.1)

오는 12월 10일은 태안발전 사고로 숨진 김용균씨 1
주기다. 지난 8월 특조위가 22개 권고안을 발표했지만
이행된 것은 거의 없다고 한다. 작년 한 해 971명, 여전
히 하루 3명이 산업재해로 목숨을 잃는다. 건설산업의
산재는 더 심각하다. 10만 명당 사고 사망자와 GDP를
곱해 얻는 '소득 수준 반영 산재 사망률'을 보면 압도적
1위임은 물론 2위 캐나다의 3배, 13위 영국의 무려 26.3
배다.[116]

정부는 2018년 1월 '국민생명 지키기 3대 프로젝트'
를 통해 향후 5년간 자살 30%, 교통사고와 산재 사망
을 각각 50% 줄이겠다는 목표를 세웠다. 2018년 자살
은 전년보다 9.7% 증가한 반면 2019년 교통사고는
9.2% 감소했다. 특히 음주운전 사망자는 29.5%나 줄
었으니 처벌강화의 효과가 있다는 뜻이다. 실제로 이른
바 '윤창호법'이 시행된 이후 출근 시간대 대리운전 건

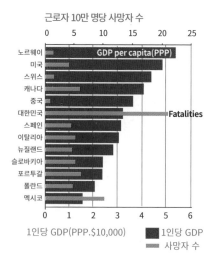

근로자 10만 명당 사망자 수

1인당 GDP(PPP.$10,000)
■ 1인당 GDP
▬ 사망자 수

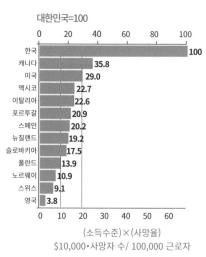

대한민국=100

(소득수준)×(사망율)
$10,000•사망자 수/ 100,000 근로자

수가 111%나 늘었다는 분석이 있다.

한편 같은 기간 산재 사망은 7.6% 감소했다. 그러나 이중 절반을 차지하는 건설에서는 2.6% 감소에 그쳤고 62%가 여전히 추락 사망이다. 수많은 대책과 점검, 일체형 비계 의무제 등의 각종 노력에 비하면 초라한 감소 수치다. 왜일까? 바로 규제와 처벌이 먹히지 않는 사각지대가 있기 때문이다.

2018년 건설사고 사망자는 485명, 이중 공사비 120억 이하 현장 사고가 74.3%, 20억 이하가 53.8%다. 기껏해야 2~4층인 연면적 1000㎡ 남짓 중소형 건축물 현장에서 전체의 반 이상이 죽는다는 얘기다. 여기는 익명의 공간, 치외법권 지대다. 661㎡ 이하 주거용 건축물은 건축주 직영공사가 가능하다. 즉 안전 책임자가 익명의 목수라는 얘기다.

지난해 이 기준을 200㎡로 강화하니 건설업 면허대여가 외려 더 기승을 부리고 있다. 행정기관의 단속도 드물고 적발된다 해도 연 200건 이상 대여해 10억 원 번 사람이 벌금 2000만 원을 내고 마는 것이 현실이다.[117] 사고가 나도 책임자가 차명일진대 평소 예방은 언감생심이다.

사고는 비용에 반비례한다. 적발 확률과 벌금이 오르면 음주운전 감행이 줄어드는 이치다. 그간 현장소장 구속, 공공사업 입찰 제한 등의 징벌로 공공 공사와 대형업체 현장은 분명 나아지고 있다. 그러나 정작 사망률 1위의 주범인 중소형 민간 건축물에는 책임과 처

117
전국에 수백 개의 건설업 면허대여 전문 업체가 암약하고 있다. 법이 있어도 수사를 하지 않으니 답답한 대한건설협회가 2012년 자체 조사를 했다. 전국 220개 이상의 현장에 면허를 대여한 업체가 12개였다. 이 중 10개 업체를 고발했으나 한 곳만 1년 4개월 형이었고 3개 업체는 벌금형이었다. 실형도 '바지 사장을 내세운 괘씸죄'에 의한 것이다.

벌의 대상 자체가 없다.

이 또한 역대 정부가 파놓은 자기 함정이다. 유독 우리나라 건설이 비공식 부문에 의존적인 것은 개발시대 저가, 대량공급 필요성 때문이었다. 대형 건설사는 하청 고리로 효율을 극대화했고 중소형에서는 익명성으로 안전비용을 아꼈다. 한번 자리 잡은 산업 생태계의 관성은 강고하여 선진국 반열에 든 나라에서 하루 한 명 떨어져 죽고 사흘에 한 명 끼어 죽는다.

이제 중소형 건축물에 대한 특단의 조치가 있어야 한다. 건설의 실명화, 감리의 전면 공영화, 전문직의 신용 기반화가 답이다. 건축주 직영 공사제를 폐지하고 모든 공사의 책임자를 실명화해야 한다. 소형 건설업 면허제나 건축사 위탁 공사관리제라도 도입해야 한다. 또 대부분의 나라 같이 시공 전과정을 공공이 감리를 해야 한다. 이미 법제화되어 있음에도 예산 탓에 멈춰있는 '지역 건축 안전센터'[118]를 가동하면 공무원 수를 늘이지 않고도 가능하다.

궁극적으로는 믿고 맡기되 위반 시 엄벌하는 신용 기반형으로 가야 한다. 선진국에서 건축물의 성능, 안전은 국가가 아닌 전문가의 책임이다. 대신 독일은 부실 설계, 감리가 드러난 건축사, 기술사는 원스트라이크 아웃제로 내쫓는다. 미국은 비싼 보험할증으로 부실 전문가를 추방한다.

국가의 규제와 처벌이 아니라 시민 상호 간 감시와 배상 때문에 규칙을 지켜야 어른 된 세상이다.

118
지역 건축 안전센터는 2014년 마우나 오션 리조트 건물 붕괴 사고 이후 부실공사를 감시·감독하기 위해 생겼다. 건축사, 구조기술사 등 전문인력을 고용하여 공무원의 지진, 화재 등 기술적인 검토 역량을 보완한다. 그러나 2023년 기준, 의무설치 지자체는 140곳 중 설치를 완료한 곳은 79곳, 56.4%에 그치고 있다.

지금은

국토부가 소규모 건설 안전 뒷목을 잡은 이유

고용노동부는 2022년 산업재해 사망사고 통계를 공개했다. 지난해 산재는 611건 발생, 644명이 숨졌다. 이들 사망자 중 건설업은 341명으로 과반이다. 건설업의 공사 금액별로 보면 1~20억 규모 공사에서 102명, 1억 미만 공사에선 81명이 숨졌다. 범위를 넓혀 50억 미만으로 전체 341명 중 226명이다. 중대재해 처벌법의 적용 대상이 건설업은 공사금액 50억원 이상 사업장이므로 적용 미대상 사업장에서 70% 가까이 숨진다는 분석이다. (2023.1.19, 안전신문)

2018년도 건설업 산재 사망자 수 486명이 2022년에는 341명으로 많이 줄었다. 2023년에는 전체 산재 사망이 500명 이하로 내려갈 전망이다. 다행이다. 중대재해 처벌법이 제 기능을 하고 있다는 뜻이겠다. 그럼에도 불구하고 건설업이 전체의 절반이라는 것과 중소형 건축에서 전체의 70%가 사망한다는 사실은 불변이다. 안타깝다.

2019년 10월경 국토부에서 연락이 왔다. '건설안전 혁신위원회'를 장관 직속으로 신설하고자 하는데 김현미 장관이 필자를 추천했다며 수락을 물어왔다.[119] 11월 6일에 첫 회의를 열었다. 김 장관은 "현 정부가 '국민생명 지키기 3대 프로젝트'를 추진하고 있으나 산재, 특히 절반을 차지하고 있는 건설 산재 사망이 관건이라 국토부가 나섰다. '건설안전 특별법'을 제정하고자 위원회를 꾸렸다"라고 취지를 설명했다.

119
김현미 장관은 필자의 저서 '정의와 비용, 그리고 건축과 도시'와 칼럼 등을 읽고 추천했다고 했다.

필자는 안전은 문화이자 비용이라는 취지의 발언과 더불어 떨어짐, 끼임 등의 유형별 통계보다 중요한 통계는 현장 규모별 통계라고 역설했다. 산재 통계는 고용노동부 소관이라 사고유형별 통계, 구급차가 몇 분 만에 왔느냐 등의 통계만 있었다. 그다음 회의에 제출된 통계를 받아보니 과연 주범이 누구인지 드러났다. 바로 앞의 통계가 말해주듯 20억 이하 중소형 '동네 건축'이었던 것이다.

필자는 중소형 건축 안전의 시급성을 강조하며 최우선 과제로 삼을 것을 요구했다. 수차례 차관 주재 본회의와 실무회의를 거쳐 2019년 11월 초안이 마련되었다. 민간영역 부분에는 '감리공영제', '지자체 안전감시자 운영', '건축사위탁관리제', '소규모 건설면허제', '지역건축안전센터 역할 확대' 등 필자가 제안한 내용이 거의 반영되었다.

그러나 결과적으로 이 조항들은 국토부 내부 부서 협의 과정에서 모두 사라졌다. 설마가 역시였다. 예측대로였다. 위험을 기반으로 지어지는 저렴 주택을 통해 주택가격을 가까스로 억누르고 있던 공급부서에서 결사반대했던 것이다. 때는 바야흐로 집값 폭등의 전야였다.

결국 남은 것은 딱 한 줄 '감리 자격 강화와 지역건축센터 활성화'이었다. 지역건축센터는 어차피 행안부 소관이고 감리비 떼어먹지 못하게 하고 상주감리 대상을 3천㎡에서 2천㎡로 바꾸겠다는 것이 전부인 허무하기 짝이 없는 '혁신 방안'이었다.

이 시대 하루 한 명꼴로 죽는 건설 산재에 대해 국토부는 아무것도 할 것이 없다고 자인한 셈이다. 알맹이 없는 그 '건설안전 특별법'조차 이 시간 현재 국회에서 잠자고 있다. 건설회사 반발 때문이다.

부끄럽다 삼성건설

이 글은 한겨레신문 시론 '부끄럽다 '삼성건설"(2018.3.26)로 게재되었음.

23세 청년 목숨 앗아간 붕괴사고…18m 높이 작업대 '와르르'

오후 2시 16분께 발생한 사고는 숨진 김 씨를 비롯해 천장 전기조명 등을 설치하던 근로자 5명이 서 있던 높이 18m, 길이 30m짜리 철골조 작업대 상판을 받치던 5개의 기둥 가운데 1개가 무너지면서 발생한 것으로 파악됐다. 이 사고로 사망한 김 씨와 곽모 씨 등 부상자들은 하청업체 3곳에 각각 소속된 근로자인 것으로 확인됐다. (2018.3.19, 연합뉴스)

10대 건설사 하청 노동자 산재 사망 현황
2014~2018년 기준

산재 사망자 수 (단위:명)	원청 총 8명	하청 총 150명	산재 사망 하청 노동자 비율(단위 %)
포스코건설	1	25	96.2
대우건설	0	25	100.0
현대건설	3	16	84.2
대림건설	1	17	94.4
GS건설	1	15	93.8
SK건설	0	13	100.0
HDC현대산업개발	0	13	100.0
롯데건설	0	11	100.0
현대엔지니어링	0	11	100.0
삼성물산	2	4	66.7

자료: 고용노동부

19일 삼성물산의 평택 삼성전자 공사현장에서 작업대가 무너져 1명이 죽고 4명이 다쳤다. 지난 2016년 말에도 이 현장에서 2명이 숨졌다.[120] 추락 방지망을 설치하지 않아서였다. 왜 세계 일류 삼성의 건설사가 값싼 안전시설에 인색해 망신당하고 있을까? 삼성만이 아니다. 2014~2016년 사이 100대 건설사 현장에서 247명이 숨졌다. 대우가 20명으로 1위, 현대, SK, GS, 롯데, 대림, 포스코, 금호 순이니 도급 순위와 거의 일치한다. 요컨대 회사의 규모, 평판과 건설안전은 관련이 없다는 얘기다.

건설현장 사망원인 1위는 추락으로 56%이다. 2016년 모든 업종 사고 사망자 969명 중 건설현장에서 51.5%인 499명이 죽었다. 1만 명당 산재 사망자 수는 0.96명으로 여전히 세계 최고 수준이다. 세계 최악 산재 사망에 그중 반이 건설현장에서, 또 그중 반이 떨어져 죽는다니 여기가 킬링필드가 아니면 뭔가.

산재 사망의 55%가 가설구조물에서 일어난다. 지난 2일 부산 엘시티 현장 사고에서의 작업 발판이나 안전 그물망 같은 것이다.[121] 직접공사비에 손대지 않고 수익을 높이려면 눈이 갈 곳은 소모비인 가설 비용이다. 삼성건설이라 하여 수익 강박에서 자유롭지 않다. 건설의 그룹 내 매출 기여는 4.8%이고 영업이익은 삼성전자의 100분의 1이다.

10대 건설사 중 그룹에 속하지 않은 곳은 대림산업 1곳, 건설이 모

120
삼성물산의 평택 현장에서는 2016년 2명, 2018년, 2021년, 2022년에 각 1명 사망했다

121
2018년 3월 2일 포스코건설이 시공하던 부산 엘시티 현장에서 박스 형태로 가설 작업대와 안전 시설물을 합친 구조물인 SWC가 55층에서 떨어져 4명이 숨졌다.

기업인 곳은 현대건설과 함께 2곳이다. 213년 된 시미즈를 비롯 일본의 4대 건설사 오바야시구미, 가지마, 다이세이는 모두 건설로만 큰 회사다. 그룹 브랜드로 민간주택 시장을 지배하고 그룹 신용으로 개발사업을 하는 나라도 우리뿐이다. 삼성의 사망자는 모두 협력업체 소속이다. 하청을 통해 수익은 위로, 위험은 아래로 보낸다. 죽음의 현장은 건설사가 '건설'은 안 하고 '개발과 관리'만 한 결과다.

밑은 더하다. 9인 이하 현장 재해율은 대형의 86배라는 통계도 있다. 건축주 직영인 소형 현장은 사고 시 책임질 사람도 없다. 건설 전문 중견업체는 씨가 말랐다. 전체 0.65%인 상위 300개 업체의 매출 점유율은 42.9%이나 하위 62.4%는 고작 7.3%이다. 일본은 상위 0.7%업체 점유율이 35.3%인 반면 하위 57.9%가 20.7%나 된다. 건설 산재 사망률이 일본의 3.5배인 이유다.

이 악습은 대량생산이 절실했던 개발시대 느슨했던 규제의 관성 때문이기도 하다. 79개 기초 파일 중 50개만 박아 '피사의 빌라'로 불렸던 2014년 충남 아산 오피스텔은 건축주가 건설업 면허를 대여해 벌인 일이다. 현행법으로는 인명사고가 나야만 형사처벌과 행정처분이 가능하다.

부실을 처벌 못 하니 부실건축이 예방되지 않는다. 가연성 외장재 금지법안은 2009년부터 추진되었으나 저렴 '도시생활주택'을 장려하던 국토부 반대로 무산되었고 2015년 의정부, 작년 제천사고로 이어졌다. 밀양 세종병원 또한 약소한 이행 강제금 덕에 배짱영업을 했다.

반면 OECD 최저 수준의 산재 사망률을 보이는 영국은 건설 사망사고가 10년 전의 반으로 줄었음에도 관련 기소 건수는 오히려 늘었 우리나라도 2022년 1월부터 '중대재해 처벌법'이 생겨 안전·보건 조치의무를 위반하여 인명 피해를 발생하게 한 사업주, 경영책임자, 공무원 및 법인을 처벌할 수 있게 되었다.

다. 우리는 거꾸로 기소 건수가 줄었다. 더구나 영국은 2007년 제정된 '기업 과실치사 및 기업 살인법'으로 사업주의 책임을 엄히 묻는다.[122]

국민의 생명과 재산을 지키는 것이 책무라면 국가는 목숨을 가벼이 여김을 적대행위로 취급해야 한다. 건설, 건물 사고는 원전이나 우주선 같은 고위험 사고도 아니다. 세계 최고층을 지으면 뭐하나. 삼성, 푼돈 아끼지 말고 23살 청년의 추락사부터 막으라.

지금은

이제 죽음의 행렬을 멈추자

DL이앤씨는 지난 2022년 중대재해법 시행 이후 이번이 건설현장에서 8번째 사고인 것으로 알려졌다. 2022년 4차례 사고로 5명이 사망하고, 2023년에 3건의 사고로 3명이 숨졌다. 이러한 사고로 지금까지 9명이 사망한 것이다.… 12월 1일 국회 환경노동위원회 청문회 증인으로 출석한 이해욱 회장은 "국민분들께 심려를 끼쳐드려 죄송하고… 협심을 해서 대한민국에서 가장 안전한 현장을 운영하는 회사로 거듭나도록 노력하겠다"라고 말했다. (2024.5.13, 포인트경제)

DL이앤씨(이하 DL)는 대림산업의 바뀐 이름이다. 대한민국 1호 건설회사로 1939년에 설립되었으며 건설업 도급 순위에서 5위 아래로 내려간 적이 거의 없는 회사다. 10대 건설사 중 건설의 한 우물만 판 유일한 회사다. 이해욱 회장은 창업자 이재준의 손자로 3세 경영인이다.

다른 대형 건설사들이 중대재해 처벌법 시행 이후 대표이사(CEO)와 별도로 안전 최고책임자(CSO)를 두어 유사시를 대비하는데 대림은 그런 꼼수도 부리지 않아 이 회장이 국회에 오게 된 것이다. 그런데 이런 정통파 건설회사 DL조차 건설현장 안전사고에 대해서는 속수무책이다. 안타깝기도 하고 한편 이해가 되지 않는 것도 아니다. 시공현장이란 전쟁터와 크게 다르지 않으므로.

〈한겨레신문〉에 앞의 원고를 보내자 어떻게 알고 삼성물산 건설 부문 안전 담당 상무에게서 전화가 왔다. 자신들도 억울한 면이 많으니 게재를 취소해줄 수 없는지 물었다. 그리고 얼마나 안전에 대해 열과

성을 다하는지 한참을 설명했다. 대학 후배인 자기를 봐서 제목의 '삼성'만이라도 빼달라는 부탁조차 거절하고 나니 종일 착잡했다.

필자 또한 현대건설에 6년을 근무했다. 정주영 회장과 이명박 사장 때다. 광화문 사옥 시절에는 출근하며 거의 매일 소복 입은 여인들 무리를 보았다. 옆 건물에 있던 해외인사부에 온 유가족들이다. 신기하게도 우는 이들도 없었고 점심때면 사라졌다. 다음날엔 또 다른 무리. 그때 그랬다. 해외 현장 가면 죽을 수도 있다 여겼고 몇 푼 보상금에도 크게 말이 없었다.

홍 선배는 신혼인 필자를 대신해 이라크에 갔다. 출산을 못 보고 가는 것이 안쓰러워 텔렉스로 암호를 주고받기로 했다. 선배는 원하던 딸 소식에 여독도 안 풀린 상태로 기뻐서 물에 들어갔고 못 나왔다. 회사는 공상이 아니라며 보상을 거부했다. 창사 이래 최초의 대자보와 시위에 결국 회사가 굴복했다. 만 정이 떨어진 나는 건설의 길을 접기로 했다.

개인사가 길었다. 그렇게 해외에서 목숨을 담보로 번 외화로 우리가 이만큼 살게 된 것이지만 그 대가로 아직 우리 건설에는 그때의 목숨을 하찮게 여기는 습성이 트라우마로 남아있다는 사실을 말하고 싶은 것이다. 이제 이 악습을 끊어내야 한다.

세계 다섯 번째로 잘 사는 나라, BTS와 봉준호의 나라, '삼성전자'와 '현대자동차'의 나라다. 그래서 '삼성'을 꾸짖는 것이고 DL을 비난하는 것이다. 누구도 아닌 그들이 앞장서서 이 죽음의 행렬을 멈추게 해야 하는 것 아니냐고 말이다.

후진국형 건설사고가 계속되는 이유

1. 킬링필드 건설현장: 25년간 GDP 비율은 반으로, 산재는 1.5배로

건설업은 기본적으로 가장 위험한 산업이다. 건설현장은 전쟁터를 방불케 한다. 기후, 지형, 토질 등 수많은 불확실성과 다투어야 하고 인력과 장비, 자재를 제때 투입해야 한다. 추락, 깔림, 끼임, 부딪힘으로 다칠 요소가 지천이다. 이런 환경에서 건물을 제시간에 완성하는 일은 가히 예술이다. 그래서 고 정주영 회장은 건설현장을 다루어 본 임원에게는 어떤 일을 맡겨도 된다고 늘 얘기했고 실제로 초기 현대그룹 주요사의 대표는 모두 현대건설 출신이었다.

OECD 국가 중 가장 산업재해율이 낮은 영국조차 전체 산업 중 건설업의 사고 사망자 비율은 33.3%로 가장 높다.[123] 물론 그 숫자(45명)

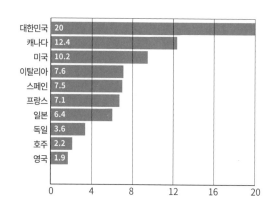

2020년 국가별 건설 산업 사고 사망 십만인율 (출처, 건설 산업 연구원)

123
영국안전보건청(HSE)은
'2023년 업무상 산재사고
사망 통계'에서 사고 사망자
수는 전년보다 12명 늘어난
135명이라고 발표했다. 업종
별로 보면 건설업이 45명으
로 가장 많았고, 이어서 '농
업·임업·어업(21명)', '제조
업(15명)', '물류 및 저장업
(15명)' 등의 순이다.

는 우리와 비교가 되지 않는다. 2023년 한 해 우리나라
건설업 사고 사망자는 303명이고 전체 산업 산재 사망
의 50.7%를 차지한다. 여전히 불명예스러운 최상위권
이다.

그나마 다행인 것은 조금씩 나아지고 있다는 점이다.
2017년 사고 사망자 수는 OECD 35개 회원국 중 2번
째로 많은 506명이었으니 6년 만에 40% 정도 감소한
셈이다. 그동안 중대재해 처벌법 제정 등 건설안전에
대한 지속적인 노력이 상당한 성과를 나타내고 있다는
지표다.

그러나 아직도 가야 할 길은 멀다. 전체 산업 중 건설업의 산업재해
발생 비율은 오히려 늘고 있다. 2008년 33.9%였던 비율이 2020년에
는 43.7%이다. 2016년부터는 1위 제조업을 추월했다. 더구나 규모별
로 보면 공사액 20억 원 미만 현장에서 사고 사망 145명으로 전체의
48%를 차지한다. 더구나 건설업 사고 사망자의 75%는 하청 업체인
전문건설업 노동자다.

이런 수치는 한국 건설업의 속살을 낱낱이 드러낸다. 여전히 하청,
재하청 구조를 통해 수익은 상향으로 이동하고 위험은 하향으로 전
가된다는 것을 알린다. 또 여전히 저렴 건축물을 짓는 중소형 시장은
안전의 사각지대임을 보여주고 있다. 이는 한번 고착된 고위험 감수
건설문화는 국민소득이 몇십 배로 늘고 제반 지표가 세계 정상의 수
준에 도달하였음에도 좀처럼 바뀌지 않고 있음을 얘기한다.

이 건설문화의 태동은 아이러니하게도 우리나라의 국부가 획기적으로 증대되던 1960년대 후반부터다. 나라의 '모토'조차 "싸우면서 건설하자"였다.[124] 이를 몸소 실천한 이들이 박태준, 정주영 같은 전사(戰士) 같은 건설인이었다. 박태준 포항제철 회장은 '영일만 우향우 정신'[125]으로 돌관 작업을 진두지휘했고 정주영 현대건설 회장은 '해봤어?'라는 말로 모험과 도전을 요구했다. 덕분에 한국은 1961년 82달러이던 1인당 국민소득이 1979년 1636달러로 20배 불어났으며 연평균 성장률은 9.3%에 이르는 기적을 만들어냈다.

그러나 이런 과실에도 불구하고 한번 몸에 밴 '싸고 빨리'의 건설문화는 우리 사회에 깊은 내상을 만들어낸다. 1970년 시민 주택이던 와우아파트가 부실공사로 붕괴하여 34명이 사망한 이후 수많은 사고가 70~80년대를 채운다. 급기야 1990년대에 이르러 그동안의 날림이 총체적으로 드러나는바, 청주 우암상가 아파트 붕괴(1993년, 27명 사망), 성수대교 붕괴(1994년, 32명 사망), 대구 지하철 공사장 폭발(1995년, 101명 사망), 삼풍백화점 붕괴(1995년, 507명 사망·실종), 씨랜드 화재(1999년, 23명 사망) 등이 건조물에 의한 주요 사고다.

이로써 끝이 아니다. 1990년대 초반의 연이은 사고를 계기로 만들어진 우리나라 특유의 건설관리 제도는 이른바 '건설 카르텔'을 탄생시키는 계기가 된다. 앞에서 살펴보았던 근간의 LH 아파트 철근 누

124
1969년 1.21 무장공비 청와대 습격 사건 이후 경부고속도로 기공식에서 박정희 대통령은 "싸우면서 건설하자"라는 연설을 한다.

125
박태준 회장은 건설 당시 "실패하면 역사와 국민 앞에 씻을 수 없는 죄를 짓는 것이다. 그때는 우리 모두 우향우해 저 영일만에 몸을 던져야 할 것"이라고 했다.

락 등 문제의 발아 지점이다. 또 급속한 경제발전과 도시화 가운데 주택가격 안정화의 보루였던 저렴 주택은 당국이 건설안전을 방기한 무풍지대였다. 여기에서는 60~70년대로부터 하나도 나아지지 않은 방식으로 아직도 킬링필드가 연출되고 있다.

한국에서 건설업이 GDP 내에서 차지하는 비중은 2020년 기준 5.22%를 차지한다. 1996년의 11.94%와 비교하면 반 이하로 준 것이다. 그런데 전체 산업재해에서 건설 산재가 차지하는 비율은 1995년 28.8%에서 오히려 2020년에는 43.7%로 1.5배 가까이 늘었다.[126] 무엇인가? 모든 업종 산재 사망이 우리나라의 국가 수준에 맞게 줄고 있는데 건설만 요지부동이라는 얘기다.

2. 건설 카르텔: 똥 싼 놈이 화내는 격인 건설 카르텔 혁파

윤석열 정부 들어 곳곳에 뿌리박힌 카르텔을 척결하는 것이 사회적 의제가 되고 있다. 사교육 이권 카르텔, 통신시장 이권 카르텔, 과학기술, 의사 카르텔 등이 표적이 되었다. 이 중에서도 LH 검단 아파트

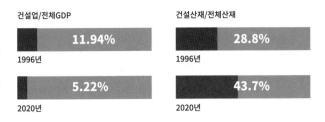

15년간 한국에서 건설업이 GDP 내에서 차지하는 비중과 전체 산업재해에서 건설 산재가 차지하는 비율 (1995~2020)

건설업/전체GDP

11.94% 1996년

5.22% 2020년

건설산재/전체산재

28.8% 1996년

43.7% 2020년

철근 누락 사태로 야기된 일련의 과정에서 등장한 '건설 카르텔'이 지명도에서는 발군이다. 정확하게 표현하자면 '건설산업 생태계'쯤으로 해야 맞을 이 대상에 굳이 카르텔이라는 명칭을 붙이는 것은 구조적인 부패를 이참에 손보겠다는 의지가 담겼기 때문이겠다.

앞선 글에서 강조했듯이 건설산업 생태계에서 안전을 등한시하는 근본 원인은 전관이나 규제·처벌의 부족 때문이 아니라 안전을 수탈하도록 설계된 구조가 엄존해 왔기 때문이다. 이를 못 본 체하고 손에 잡히는 조치를 해보아야 마치 두더지 잡기 게임처럼 또 다른 양상으로 모순이 표출되기 마련이다. 따라서 진정한 개선의 의지가 있다면 이 건설산업 생태계의 권력 구조와 동인이 무엇인가부터 살펴보아야 한다.

우리나라 건설산업 생태계는 태생적으로 국가지배형이었다. 쉽게 표현하면 국가가 갑이고 재벌이 을이며 건설회사가 병이고 전문건설회사, 오야지[127], 노동자가 차례대로 정, 무, 기다. 국가 주도형 경제개발 시대를 거치며 국가는 독보적인 건설물량 공급자였고 건설의 기준을 정하는 입법자였으며 건설의 가격과 속도를 명하는 감독관이었다. 말하자면 지금 한국건설이 공기처럼 자연스럽게 받아들이는 모든 질서는 다름 아닌 국가의 작품이라는 말이다.

이 과정에서 다른 나라와는 달리 재벌들이 대형 건설사의 모 그룹이 되는 것도 특이한 현상이다. 까닭은 이

127
'아저씨'를 뜻하는 이 용어도 일본말이지만 대체어가 마땅치 않아 아직도 쓰인다. 한 무리의 작업팀을 데리고 작업의 일정 부분을 재하청으로 처리한다. 굳이 번역하면 소사장 정도가 된다. 밑으로 쇼와(작업반장), 쇼꾸닝(숙련기능공), 한빠(중간 숙련공), 데모도(조력공, 잡일) 등을 거느린다.

렇다. 식민지 시절과 전쟁을 막 치른 개발시대 초기에 변변한 건설회사가 있을 리·없었다. 그나마 미군 공사 등으로 구색을 갖춘 현대건설, 대림산업, 중앙건설 등에 관급공사를 몰아주었다.

60년대부터의 여의도, 강남개발은 디딤돌이다. 정부는 아파트 공급을 위해 싼 땅과 과감한 지원책을 제공했고 이른바 아파트 재벌들이 등장한다. 우성, 삼익, 한양, 한보 등이다. 80년대부터는 대우, 삼성, LG, 롯데, 쌍용, 포스코, SK 등의 재벌들이 하나씩 건설회사를 차리거나 인수해 이 대열에 합류한다.

계열사들 건설물량을 남 주기 아까워서라고 보면 순진한 거다. 건설사는 독특한 방식으로 그룹에 기여한다. 도급 순위 덕에 쉽게 수주하는 관급공사는 현금 흐름에 유용하게 쓰고 자본력을 동원해 부동산을 취득한 후 개발사업을 함은 기본이다. 더 나아가 그룹의 신용을 업고 아파트용지를 불하받아 그룹의 브랜드를 붙여 초과이득을 얻는다. 한때는 그룹 비자금을 조성하는 창구이기도 했다.[128]

건설회사의 주목적이 개발과 판매이다 보니 정작 건설은 '오야지' 이하의 실제적인 건설 노동자의 몫이다. 위험도 외주화될 것은 불문가지. 건설업 사망자 중 하청 업체 소속이 평균 75%인데 10대 대형회사에서는 이 수치가 95%로 올라간다는 수치가 웅변한다.[129]

비유하자면 삼성전자의 반도체가 삼성의 공장이 아니라 용산전자상가에서 만들어지는 꼴이다. 삼성의 아파트를 짓는 사람이 동네 다세대 주택을 짓는 사람이기 때문이다. 아주 고약한 이 OEM 방식을 고착시킨 책임

128
건설현장은 일용노동자 임금이라는 것이 있어 비자금을 조성하기에 안성맞춤이다.

129
대우 SK, HDC현대산업개발, 롯데, 현대엔지니어링은 아예 100%다. 10대 건설사에서 매년 평균 1444명의 산재 사고 재해자와 26명씩 사망자가 나온다는 최근 통계도 있다.

은 중견 건설 전문회사 육성 대신 재벌에게 건설업을 맡겨 온 역대 정부에게도 있다.

정부의 또 다른 잘못은 국가의 책임인 아파트를 포함한 공공건축물에 대한 감독 기능을 쉼 없이 민간으로 이양했다는 점이다. 1990년대의 대형 사고를 겪기 전까지는 이들의 감독 업무는 발주청이 했고 감리는 설계자가 했다. 글로벌 스탠더드다. 그러나 사고를 파헤치니 '업자-공무원-감리자'의 유착이 심각한 것이었다.

이를 무슨 수를 쓰든 교정할 생각 대신 정부는 가장 쉬운 방법을 고안한다. 감독 기능과 감리 기능을 떼어내 제3의 직능을 만들어 맡긴 것이다. 이른바 '책임감리', '감리전문회사'의 등장이다. 정부는 이제 감독 책임을 위험과 함께 전가하고 슈퍼갑의 위상이 된다.

이후 '책임 감리 제도'는 변천을 거듭하여 '건설사업관리제도(CM)'를 거쳐 '시공책임형 건설사업 관리제도(CMAR)'에까지 이른다.[130] 바로 검단 아파트에서 GS건설과 LH의 관계다. LH는 아무것도 하지 않는다. GS가 이익을 남겨 상납하면 '애썼다'라고 하면 그만이다. 현장의 번잡스러운 다툼과 갈등은 알아서들 하고 상납만 제대로 하면 된다는 것이니 카르텔이 아니라 마피아라고 해야 맞다. 여기서 전관은 전체 시스템이 잘 돌아가도록 하는 일종의 윤활제다.

똥 싼 놈이 화낸다는 표현이 여기에 제격이다. 철근 누락은 하청의 연속과 감리·감독 기능 부재의 합작품

130
1994년 감리원에게 실질적 권한과 책임을 부여하는 '책임 감리 제도'를 건설기술관리법에 도입하고, 민간 부분의 주택 건설 공사에도 책임 감리 성격이 부여된 '주택건설공사 감리제도'를 도입한다. 이후 삼풍사고로 1997년 건설산업기본법의 입법으로 '건설사업 관리제도(CM)'가 탄생한다. 2011년에 '시공책임형 건설사업관리 제도'가 도입된다. 국토부가 적극 권장했으며 GS건설이 최대 수주회사다.

이다. 그리고 건설 산업이 전면적 하청 고리가 된 것은 정부부터 솔선수범한 외주화의 결과다. 또 감리·감독 기능까지 업체에게 맡기는 제도를 만든 것도 정부다. 그렇게 하여 만들어진 이익공동체 카르텔을 그 아비이자 두목인 정부가 척결하겠다니 이보다 더한 코미디가 없다.

3. 저렴 주택: 무법과 불법이 권세인 동네 건축

건설업 산재 사망 중 절반을 차지하는 구간이 공사비 20억 미만 규모의 현장이다. 공사액 20억 미만이면 연건평 약 1000㎡ 내외의 소규모의 건축물이다. 단독·다세대·다가구 및 도시형 생활주택과 소규모 근린생활시설이 이 범위 안에 든다. 궁금할 수 있다. 대형 공사용 장비도 드물고 층수도 고만고만한 이들 소규모 건축물 현장이 왜 치명적 구간이 되는지.

필자의 경험담이다. 사우디아라비아의 1층짜리 주택단지 현장이었다. 캠프의 방을 같이 쓰던 친구가 야간작업을 나갔다가 죽었다. 지붕에서 파라펫(난간) 건너에 발판이 있다고 생각하고 넘어가다가 추락한 것이다. 겨우 한 층이었는데 아니 한 층이어서 머리부터 닿는 바람에 치명상이 된 것이다. 이처럼 사고는 규모를 가리지 않는다.

오히려 저층이고 소규모일수록 만만히 보여 안전장치는 소홀히 하기 십상이다. 더구나 규모가 작으니 대규모 현장처럼 안전만을 담당하는 요원을 두기 힘들다. 각자가 자기 안전을 챙겨야 하는데 말처럼 쉽지 않다. 또 이런 곳일수록 대형 현장에 여건상 가지 못하는 노령자, 청년, 외국인 등 초보에 가까운 사람이 유독 많다.

가장 중요한 원인은 건설의 주체가 대개 영세업자라는 데에 있다. 2018년부터 건축주 직영공사[131]의 범위가 대폭 줄어들긴 했다. 그러나 위장 직영공사는 줄어든 반면 건설업 면허대여를 통한 공사는 오히려 늘고 있다는 정황이다.[132]

면허대여 시공업자는 일종의 '떴다방'이다. 알음알음으로 건축주를 소개받아 설계, 인허가, 시공에 분양, 임대까지 일식으로 책임지겠다고 제안하여 일을 맡는다. 자금이 없고 땅만 가지고 있는 건축주로서는 거절할 수 없는 제안이다. 그리고는 공사를 쪼개어 목공, 철근, 콘크리트, 마감 등 여러 '공종'에 따라 소사장에게 하청을 주어서 일을 진행한다.

안전사고에 관한 책임도 같이 전가한다. 사고가 나도 '집 장사'에게는 피해는 없다. 산재에서 보상은 책임지고 면허를 빌려준 회사로 벌점이 갈 뿐이다. 시공자가 안전에 신경을 써야 할 이유가 전혀 없으니 모험과 위험이 넘치는 현장이 될 것은 당연하다.

이런 현장에서는 '야리끼리'[133]라는 방식으로 일이 처리된다. 한 마디로 돈내기 방식이다. 예컨대 "1층 벽돌 다 쌓으면 얼마"하는 식이다. 빨리 끝내면 돈과 시간이

131
2018년 6월 건설산업기본법의 변경으로 건축주 직영공사의 범위는 200㎡로 제한되고 다세대 주택 등 다중주택은 규모에 관계없이 금지된다. 이전에는 주거용은 661㎡ 비주거용은 495㎡까지였다.

132
건설업 면허대여 실태에 대한 통계도 없고 이를 근절할 대책도 없다. 2012년 대한건설협회가 자체적으로 일제 조사한 적이 있다. 건축물의 준공 실적이 회사 규모에 비해 터무니없이 많은 업체를 추적했다. 많게는 300개 이상 현장에 대여한 업체가 있었고 220개 이상의 현장에 면허를 대여한 업체가 12개였다. 지금은 더 심하리라 보인다.

133
건설용어 중 아직도 절반 이상이 일본 말이라는 것은 건설업이 아직 전근대적인 상태에 머무르고 있다는 방증이다. 야리키리(やりきり, 遣切)는 '해치우다, 완수하다'는 뜻이다. 요즘은 빨리 끝내면 빨리 쉰다의 뜻이나 과거에는 위험 '공종'을 놓고 작업자를 자원하게 하는 용도로도 쓰였다.

생긴다. 내 집이면 이렇게 하겠나? 빨리하니 날림이고, 서두르다 보니 사고다. 많이 없어졌다고는 하나 대형 현장에서도 크게 다르지 않다.

이런 모험 시공자 '집 장사'를 중심으로 위험·부실 생태계가 만들어진다. 한 축은 설계 및 감리 계통이고 다른 한 축은 불량 자재 공급 계통이다. 중소형 건축물의 설계는 대량 생산 방식으로 이루어진다. 대지 크기, 모양서부터 자재, 공법까지 비슷하니 표준 설계에 가깝다.

설계도서도 부실하다. 어차피 설계도는 참고용이고 현장에서 뼈가 굵은 작업자들의 경험으로 짓기 때문에 친절하고 상세한 도면을 들이대면 오히려 욕먹기 십상이다. 인허가용으로만 작성된 간단한 도면 생산에 최적화된 설계사무소를 속칭 '허가방'이라 부른다. 설계비가 저렴하니 제대로 설계하려는 건축사들은 경쟁력이 없다.

당초 설계자의 업무였던 감리가 제삼자에게 넘어간 곡절도 웃프다. 이유인즉슨 건축주들에게서 감리비를 제대로 받기 위해서란다. 대부분 '집 장사'인 건축주는 설계와 감리를 통으로 묶어 가격을 정하거나 다음번 설계권을 주겠다 하고 감리비를 떼먹는다.[134] 그리고는 이를 볼모로 불법을 눈감아달라고 하니 아예 제3의 건축사에게 감리를 주어 이를 막자는 취지다.[135]

세계에서 한국만 가진 희극적인 이 제도는 가련한 우리 건축 전문 직능의 처지를 드러내는 것이기도 하지만

134
실제로 '피사의 빌라' 아산 오피스텔은 설계 감리를 묶어 계약했고 설계자는 감리비를 못 받았으니 현장에 나갈 의무가 없다 하여 현장 방문을 한 적이 없다.

135
이 제도를 설계·감리 분리제, 허가권자 감리 지정제라 한다. 전 세계에 우리밖에 없는 제도로서 엘리트 건축가들은 "내가 낳은 자식을 남이 키우는 격"이라 표현했다. 그러나 대다수의 건축사들과 소형건축물에서의 감리기능 강화를 원하는 당국의 이해가 맞아 실행되었다.

'집 장사'가 이토록 무소불위의 권력을 가지고 있다는 뜻이기도 하다. 그리고 이는 그동안 이 무법을 방치해 온 당국의 책임이다. 드라이비트 등 불량, 위험 자재를 억제 못 한 것도 마찬가지다. 이유는 짐작하는 대로다. '집 장사', '허가방', '불량 자재 업체'로 이루어진 비공식 부문 건설 생태계는 한국 주택 정책의 안전판이었기 때문이다.

놀라운 우리의 경제 성장을 가능케 한 요인이 저임금이었음은 잘 알고 있는 터, 아파트 공급에 끼지 못한 차하위 계층을 위해서는 다세대·다가구·연립주택 같은 저렴 주택으로 저임금을 받쳐주어야 했다. 이들을 공식 부문으로 편입시키는 순간 벌어질 주택가격 폭등의 연쇄 고리를 역대 어느 정부도 감당할 수 없었다.

그리하여 이들 무법자들의 세상, 동네 건축에서는 오늘도 이틀에 한 명꼴로 사람이 죽어 나간다. 이곳이 개척 시대 미국의 서부라 한들 무슨 과장이겠는가.

4. 감리의 감리: 상호견제를 통한 감리 기능 회복만이 답이다

검단 아파트 사태의 여파가 심각해지자 필자는 여러 곳에 불려갔다. 원희룡 장관이 소집한 'LH 전관 카르텔 혁파를 위한 긴급회의'에 이어 2023년 8월 31일에는 더불어민주당의 '부실시공 아파트 안전대책 T/F'라는 회의에 초청을 받았다. 앞의 회의에서 주장했던 'LH의 발주기능 분리 및 장기적으로 해체'도 얘기했지만 제도개선 과제로는 '감리의 정상화'를 강조했다.

일회성인 건축물 설계와 현장에서 이루어지는 시공의 특성상 숨어
있는 오류를 찾아내는 감리·감독이 가장 중요함에도 그렇지 못하기
때문이다. 현행 감리·감독제는 '고양이에게 생선을 맡기는' 책임 방기
에 가까운 제도다. 규모를 막론하고 부실시공을 막기 위해서는 감독·
감리제의 전면적인 개조가 필요하다고 역설했다.

첫째, 건설 카르텔을 무력화시키기 위해서는 공기관의 감시기능이
회복되어야 한다. 우리나라는 발주기관이 감독·감리를 하지 않는 거
의 유일한 나라다. 공공이 발주자인 공공건축은 물론 공공성이 높은
공동주택 등도 대부분의 나라에서는 공적 기관이 감시한다. 우리나
라도 과거에는 발주청에서 감독관을 파견했고 LH의 전신인 대한주
택공사 시절에는 설계는 물론 시공도 직영공사 수준으로 감독했다.

그런데 앞서 언급했듯이 1990년대 연속된 대형 사고의 해결책으로
'책임 감리제'가 도입된 이후로 감독·감리 기능은 점점 공공의 손을
떠나 민간 감리전문회사로 이양된다. 초기 대형설계회사의 분리법인
형태로 시작한 이들 감리 전문회사들은 힘을 키워 결국 공공건축과
공동주택의 '건설사업관리'까지 차지하고 더 나아가 '시공 책임형 건
설사업 관리제'로 급기야 건축주의 지위까지 얻는다. 이 감리 권한의
편취는 건설 카르텔의 자양분이다.

이는 작은 정부를 지향하는 행정력의 축소로 볼 수도 있겠으나 진
짜 속내는 공공과 업체가 '누이 좋고 매부 좋고'를 추구했다고 봄이
타당하다. 공공은 감독·감리라는 번잡하고 손 많이 가는 업무에서 해
방되는 데다 전관의 일자리까지 생겨 좋고 업체는 감시가 없으니 소
신껏 공사하여 이익을 최대화할 수 있어 좋은 것이다.

CM, CMAR 발주를 최소화하고 공공기관에서는 자체적인 감독 인력을 확보해야 한다. 선진국처럼 공공건축만을 전적으로 책임지는 '공공건축 지원센터'를 별도로 설립하거나 국토부 산하에 감리 기능을 감독하는 별도의 기구를 두는 것도 방법이다.

둘째, 중소형 건축물의 부실 방지와 안전을 위해 비공식 부문을 공식 부문에 편입시켜야 한다. 설계자가 감리를 못하게 하는 나라도 우리가 유일하다. 이 또한 공공의 감시기능을 전가한 결과다. 당초에는 건축물 허가 시 조사, 중간검사, 준공검사 등이 모두 공무원의 업무였다. 그러나 비리의 소지, 전문성 강화 등의 이유로 이 업무가 건축사에게 위임된다.[136] 이로 인해 앞에서 언급했듯 '집 장사'로 대표되는 불량 건축주들의 감리자 포획이 일어난다.

이를 방지하기 위해 사용승인 조사·검사·확인 업무를 제3의 건축사가 하게 하는 '특검' 제도 등을 도입하나 감리의 건축주에의 예속 문제는 해결되지 않는다. 결국 2016년에 이르러 '허가권자 지정감리제도'가 도입된다.[137] 건축주로부터 '감리자의 독립성을 확보하고 공공성을 제고하기 위함'이라는 명분이다. 어불성설이다. 그렇다면 프랑스, 일본 등 모든 나라에는 이 제도가 없어서 감리자가 건축주에 종속되고 공공성이 없는 건물이 속출하겠다.

136
2003년 법령 개정으로 허가 조사와 사용승인 관련되는 현장 조사·검사 및 확인 업무는 건축사가 대행할 수 있도록 바뀌었다. 다만 사용승인 시는 설계자·감리자가 아닌 건축사이어야 한다.

137
200㎡ 이하 소규모 건축물과 건축허가 대상 공동주택 등에 적용된다. 2019년에는 대상이 확대된다. 한국건축가협회, 새건축사협의회 등 작품을 지향하는 건축가들이 모인 단체에서는 이 제도를 한사코 반대했다. 감리란 설계의 연장이므로 설계 의도가 구현되지 않는 시공이 횡행하리라는 우려에서다. 이후 '설계 의도 구현'이라는 명목으로 감리비 일부가 설계자에게 가는 제도가 만들어졌다.

본말이 전도된 판단에 의한 제도다. 선진국에 이런 어처구니없는 제도가 없는 것은 '집 장사' 같은 불법을 일삼는 건축주가 없어서다. 불법을 강요하는 건축주를 근절할 생각 대신 애먼 설계자로부터 감리 권한을 뺏은 이유는 무엇일까? 말했듯 비공식 부문을 제도 안으로 들여올 수 없어서다.

건축주 직영공사의 목수 박 사장이든 면허대여 공사의 최 사장이든 '집 장사'는 익명이다. 유일한 실명은 감리 건축사다. 박 사장, 최 사장을 공식 부문으로 들이려면 소형 건설업 면허제도 같은 제도도 만들어야 하고 저렴 주택 가격 상승의 후과가 따른다. 그러니 현실적으로 국토부에서 낼 수 있는 정책은 건축사 분리 정책밖에 없는 것이다.

'소형 건설업 면허제도' 혹은 '건축사 책임시공관리제도'[138] 등으로 어둠의 소형 건설판을 실명화해야 한다. 감리 건축사들 또한 비루하게 불법을 피해 다니지 말고 맞서 싸워야 한다. 선진국처럼 하루빨리 '신용 기반형 전문가' 시스템[139]을 갖추어 권한과 책임을 온전히 질 생각을 해야 한다.

셋째, 감리에 대한 정의를 명확히 하고 상호견제를 통해 엄정한 감리가 되어야 한다. 우리 감리제도의 문제점은 두 가지다. 수많은 제도 변천 과정에서 너무도 복잡해졌다는 것이 하나고 이해관계에 의해 혹은 예속 관계로 인해 유명무실한 감리가 많다는 것이 두 번째다.

앞에 언급한 더불어민주당 TF 간담회를 계기로 TF로

138
Design Build'라는 이름으로 미국 등에서는 일반화된 방식이다. 건축사가 설계 뿐 아니라 시공까지 책임지는 방식이다. 소형 현장의 시공 혹은 공사 관리를 그나마 실명인 건축사가 할 수 있게 하자는 주장은 필자가 '건설안전 특위'에서 줄곧 주장했다.

139
국가 면허 등을 가진 전문가는 신뢰에 기반한 업무 자율성을 가지되 사고 시 무한 책임이 따른다는 정신이 전제인 시스템이다. 미국·영국 등에서는 실효성 있는 직능보험제로 이를 담보한다. 독일·프랑스 등은 전문가 단체의 자율적 규율과 강력한 윤리규정 및 처벌로 이를 이행한다. 2022년 대한건축사협회도 선진국 수준의 '건축사 윤리규정' 제정을 조건으로 의무가입 대상이 되었다. 필자는 이 '윤리규정 제정 TF'의 위원장을 맡아 건축사 윤리규정을 초안했다.

부터 감리제도 개선에 대한 입법 제안을 해 달라는 요청이 있었다. 건축 4단체 대표들을 설득해 작업팀을 만들고 제안서를 2023년 11월 제출했다.[140] 제안의 내용을 바탕으로 감리제도의 개선안을 얘기해 본다.

먼저 혼재되어 사용되는 감리에 대한 정의부터 정리해야 한다. 대부분의 선진국들은 대개 3개의 범주로 감리를 나눈다. 감독(Supervision), 검측감리(Inspection) 그리고 공사관리(이하 CA, Construction Administration, Observation)가 그것이다. 감독업무는 공사의 시공, 품질, 안전을 감독하는 일이고 검측감리는 법규 체크와 검사를 맡는다. CA는 건축주/시공자 간 공사계약 준수 여부를 관리하는 업무다.[141]

각 업무를 수행하는 주체는 나라마다, 민간/공공에 따라 다르나 이 모든 업무를 민간 감리업체가 독점하고 있는 나라는 우리가 유일하다. 미국은 공공사업의 감독은 지자체 혹은 위탁받은 전문회사, 검사는 전문가, CA는 설계자가 한다. 영국은 감독은 전문 업체가 하는 반면 검사는 관청 혹은 다른 업체가 한다. 싱가포

140
대한건축사협회, 한국건축가협회, 새건축사협의회, 여성건축가협회에서 위원들을 파견해 3개월여 작업을 하여 민주당 맹성규 의원실에 제출했다. 아직 감감무소식이다.

141
공사관리(CA)업무는 자재샘플과 시공용 상세도면을 검토하여 건축설계의 요구사항과 부합하지를 확인한다. 이는 시공사가 수행하는 공사를 감독하는 것과는 다른 업무다.

필자는 건축 관련 4개 단체와 공동 연구를 하여 현행 감리제도의 개선 법안을 2023년 11월 국회에 제출했다. 현재 4가지의 감리 기능을 독점하고 있는 감리업체로부터 설계 의도 구현과 검측 감리를 분리하자는 취지다.

1안. '설계자 감리' 신설안
(검측감리+설계 의도 구현)

2안. 설계자 감측감리 수행안

3안. 설계 의도 구현 업무 확대안
(검측 업무 포함)

르, 프랑스, 독일, 일본 등도 감독, 검사를 전문 업체에 위탁하기는 하지만 CA 업무는 설계자에게 맡긴다.

따라서 국제적 표준에 따라 '설계도서대로 시공하는지를 확인하는 업무'는 설계자 고유의 업무가 되어야 한다. 또 공사의 관리와 감독 업무를 감독, 검사, 설계자 업무로 분산시켜 3자가 상호견제, 보완하는 방식을 택해야 한다.

요컨대 우리나라에서 감리가 제 역할을 못 하는 것은 당초 셋인 감리 업무가 하나로 뭉뚱그려져 한 업체에 가 있기 때문이다. 과중한 감리 업무로 감리 태만이 되기도 하고 상호견제가 없으니 부실 감리가 드러나지도 않는다.

우리 사회가 진정 '신용 기반형' 사회가 되고 이를 담보할 수 있는 각종 배상제도까지 갖추게 된다면 지금의 전면적인 민간 책임제도가 더 나은 제도일 수도 있다. 그러나 지금까지 보았듯이 한국 건설은 '건설 카르텔'과 '집 장사'들이 지배하는 세계다. 이런 형국에 '카르텔'과 '집 장사'를 믿고 그들에게 자율 정화를 기대한다면 이는 국가로서의 자격 미달이다. 그날이 올 때까지는 안타깝지만 상호감시를 하게 하는 수밖에 없다.